古建坊

传统文化与科学的巧妙融合
文理兼修的跨学科学习

传统文化中的STEAM

郝京华　王伟群　主编

U0914131

化学工业出版社
·北京·

图书在版编目（CIP）数据

传统文化中的STEAM. 古建坊 / 郝京华，王伟群主编.
北京 ：化学工业出版社，2025. 2. -- ISBN 978-7-122
-46992-2

I. Z228. 2; K203-49

中国国家版本馆CIP数据核字第202552BJ31号

责任编辑：郑叶琳
责任校对：张茜越
装帧设计：溢思视觉设计 E-mail: isstudio@126.com / 程超

出版发行：化学工业出版社
（北京市东城区青年湖南街13号 邮政编码100011）
印　　装：盛大（天津）印刷有限公司
710mm×1000mm　1/16　印张$6\frac{1}{2}$　字数72千字
2025年7月北京第1版第1次印刷

购书咨询：010-64518888　　售后服务：010-64518899
网　　址：http://www.cip.com.cn
凡购买本书，如有缺损质量问题，本社销售中心负责调换。

定　　价：28.00元　

编写人员名单

主编：郝京华　王伟群

副主编：叶　枫　方锦强

执行副主编：杨砚宁

编写人员：程诚　张蕾　朱晔　周婷婷

丛书序

你一定知道中国古代有造纸术、印刷术、火药、指南针四大发明，它们对人类的文明发展起到过非常重要的作用。但你知道吗？中国古代伟大的发明远不止这几项。还有长江流域河姆渡文化给我们留下的七千多年前的稻作农业文明，还有黄河流域仰韶文化给我们留下的五千多年前的绚烂彩色陶器，还有中原殷商文化给我们留下的三千多年前的青铜冶炼技术……除了这些，我们的祖先在农学、医学、天文、历法、数学、运筹学、工艺学、水利学、灾害学等领域也都取得过卓越的成就，为世界提供了丝绸、瓷器、茶叶等凝结着中华民族心智和汗水的技术产品，也给我们留下了雄伟的万里长城、绵延千里的大运河、雄伟壮丽的宫殿、巧夺天工的桥梁、诗意盎然的园林……

悠久的历史，积淀了深厚的中华文化；中国古代的科技发明犹如璀璨的明珠，在历史发展中熠熠生辉。

《传统文化中的STEAM》选取了若干与古代科技有密切关系的物化的传统文化项目，包括《书印坊》《玩具坊》《染料坊》《兵器坊》《造船坊》《酿造坊》《烧造坊》《古建坊》《计量坊》《桑蚕坊》《农具坊》等。

每册书包括 4 ~ 9 个主题，每一个主题包括四个内容板块，即探文化之源、践古人之行、析科技内涵、观后续发展。

探文化之源主要介绍该科技用品的结构、用法、历史及对社会、经济、文化等方面的影响。践古人之行提供了动手做的器材和步骤，编者希望小读者在过DIY（自己动手做）瘾的同时，能更深层次地领略古人的智慧。析科技内涵重点在解析这些科技用品中蕴含的科学原理。中华先民当时是凭经验做出这些科技用品的，可能并不清楚其中的科学原理，析科技内涵这一部分可以为我们解密。观后续发展交代的是该科技用品现在的命运：它们中有的还在沿用，如风筝、石磨；有的则进了博物馆，如雕版等。无论如何，龙的传人都应该铭记我们先民曾经有过的辉煌。

中华优秀传统文化是“中华民族的基因”，是“民族文化血脉”，是“民族精神命脉”。多了解一些中华优秀传统文化及其蕴含的科学原理，你一定会为我们先人的智慧所折服，你也一定能更好地理解上下五千年中华民族生生不息、屹立于世界东方的道理。中华优秀传统文化是我们民族自信的水之源，木之本。少年强则国强，希望你通过对传统文化的 STEAM 学习，吸收文化养分，激发创造潜能，提升民族自信。未来是你们的！

前言

东方文化的精神美学——中国古代建筑

贝聿铭说过："最美的建筑，应该是建筑在时间之上的，时间会给出一切答案。"的确，在漫长的历史长河里，中国古代建筑以其神秘独特的东方美学气质，经历了时间的打磨与淘洗，散发出亘古不变的魅力。

中国古建筑的起源可追溯至新石器时代。在北方，人们模仿天然岩洞的样子挖出洞穴，随后演变为"窑洞"；而在南方，人们造出了"树上的房子"——巢穴，这是干栏式建筑的前身。当一种独特的筑墙技术——夯土墙出现时，古代建筑的发展有了质的飞跃，我们才得以有机会惊叹于阿房宫的壮丽。在温暖多雨、木材丰富的南方地区，木结构的耐久性优势逐渐成为人们关注的重点。梁、柱、斗拱、屋顶、门窗这些木结构建筑构件的逐渐丰富，使得中国古建筑形成了惊艳世界的独特之美。一梁一柱间，揭示了"墙倒屋不塌"的奥秘；硕大的屋顶和飞檐让静态中的建筑有了飞鸟展翅般的动态之美；层层斗拱是榫卯结构精湛技艺的完美呈现……

那么，我们该如何理解与传承这种古建筑的美？我们该如何让今天的孩子们走近中国古代建筑，并从其中所蕴含的文化、美学、科学、自然等方面的知识去感受伟大的中国文化？

基于这个目的，我们编写了这本书。本书以时间顺序为轴线，采用通俗易懂、生动有趣的语言，描绘了一幅幅关于古建筑知识的画面。编者从最早的建筑形式——穴居开篇，为小读者们详细介绍了古建筑的重要构建，并设计了很多有趣又有益的劳动体验项目，让小读者们在学中做、在做中学，积累建筑知识的同时，体验古人造房子的智慧。

本书由杨砚宁女士带领团队编写。编写人员程诚、张蕾、朱晔、周婷婷均为江苏省小学劳动青年教师教学基本功大赛一等奖获得者。编写者从儿童的视角出发，把复杂的古代建筑知识用孩子的语言呈现出来。诚如一个建筑家所说："造房子，就是造一个小世界。"本书也力求用通俗有趣的语言，为孩子们构建一个小世界。苏州大学材料与化学化工部的王伟群教授参与了本书框架结构和提纲的拟定，为本书的编写提出了诸多宝贵的指导意见。大家的共同努力为本书的完成奠定了基础。在本书即将出版之际，谨向以上诸位致以诚挚的感谢和敬意，也恳请大家批评指正。

目录

窑洞与石窟

古建坊

探文化之源

原始人类会居住什么样的房子呢？其实，我们并不知道，只能猜测而已。就像下雪的时候，看见了雪地里的鞋印，你会猜测刚才一定有人经过。科学家曾向地下挖掘，在一些岩洞中发现了早期人类生活的遗迹，根据这些发现和古代传说，人们推断天然岩洞就是远古人类的“房子”。《周易·系辞》中曾有记载“上古穴居而野处”，意思就是最初的人们依靠野外的洞穴居住。也就是说，他们常常在岩石或山腰的洞穴中躲避严寒、暴风雨和野兽。

但天然洞穴并不是随处都有的。随着人类活动范围的扩大，开阔的平原地区、水域较多的南方也渐渐有了人类的聚居。这时就需要解决“房子”的问题了。北方黄土厚实，方便挖掘，人们就模仿天然岩洞的样

北京猿人复原像

子挖掘出洞穴，开始了穴居的生活；而南方丛林密集、蛇虫众多，又潮湿多雨，聪明的人类便想到在树上筑巢穴而居，正如《孟子 · 滕文公》中记载，“下者为巢，上者为营窟”。

随着时间的推移，北方黄土高原一带的洞穴渐渐发展为“窑洞”，再逐渐演变为后来的石窟；而南方的巢穴却渐渐发展为后来的干栏式建筑。

山顶洞人穴居遗址

麦积山石窟

践

古人之行

窑洞、石窟的开挖并不简单，要找到适合的地理环境和土质才行。挖洞也是一门学问。你是否曾在海边挖过沙坑或是和同学一起去植树。如果土拨鼠想请你给它们挖凿、设计一个坚固的家，你会选择什么样的环境和土质呢？一起来试一试吧！

1

准备好挖洞工具——几把好用的小铲子和一桶水，出发！

工具

2

选择地点，进行挖洞实验。

【实验 1】干燥、松散的沙坑

干燥、松散的沙坑

挖洞失败，一盘散沙

【实验 2】湿润的沙坑

湿润（浇水后）的沙坑

挖洞成功，但容易坍塌

【实验 3】土壤紧实的泥土地

土壤紧实的泥土地

挖洞成功，坚固且不易坍塌

3 实验结论：土壤紧实的泥土地挖出的洞最坚固。

想一想：要想让土拨鼠的家更坚固，该怎么做？

1. 特殊的地质地貌与窑洞的形成

怎么样，你挖的洞坚固吗？看来，土壤紧实是挖洞成功的关键。没有树就没法造木头房子，没有山也不能造石头房子，没有草连茅草屋都无法搭建，难道只是因为黄土高原什么也没有才挖洞作为房子吗？当然不是，这里的地质地貌可是大自然赐予人类的礼物呢。

大约在250万年前，风力将岩石风化而形成的泥沙搬运到了这里，并不断沉积，在泥沙自身重力的挤压下，厚厚的土层（一般在50~300米）经过长时间积压变得非常密实且坚固，黄土的矿物成分以石英构成的粉砂为主，因而黄土地层构造质地均匀、结构紧密、直立性好，且抗压与抵抗剪切破坏的强度都较高。这种土质的黏性非常大，再加上黄土高原地区降水量较小，所以窑洞漏水、坍塌的事情很少发生。

黄土高原

除此之外，黄土高原天气变化大，早中晚温差大、冬冷夏热，而土层较厚的窑洞则有着“冬暖夏凉”的优势。在这里挖房子，真是再合适不过了！这种超级厚的“墙壁”传热很慢，既不能从大气中吸热，也无法直接向外散热，唯有洞口和外界接触。在寒冷的冬季，黄土高原地区多西北风，所以洞口多向南，以便采光和取暖。窑洞多依山挖掘，即建在山坡上，这样就很少占用良田，从而能节约土地资源。

而石窟大多开凿在由沉积岩构成的山体上。沉积岩其实也是由风力、流水裹挟的泥沙在大海中沉积，经过亿万年的重压、结晶等地质作用后转变成岩石的。因为岩石的质地较黄土更为紧密，所以经过开凿形成的石窟就会比窑洞更大、更耐久。

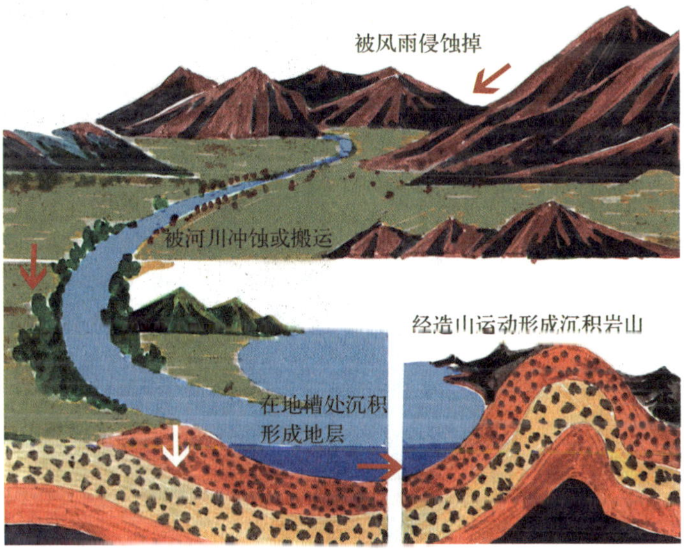

沉积岩的形成

2. 屋顶的承重智慧——拱券结构

窑洞虽然是一种非常原始的建筑，但可别小瞧它！就它的造型来说，为何所有的窑洞都要挖成拱形顶而不是平顶呢？这可包含了大智慧！

这种屋顶在建筑史上被称作“拱券（xuàn）”结构，可谓窑洞建筑中最精彩的部分。这种结构最大的优点就是跨度大、承受的荷载大。比如，梁柱结构能跨一间屋子的距离，经得起一吨石头的重压，那么拱券就能跨远于一间屋子的距离，经得起大于一吨的重压。所以，拱券结构下的空间更加宽敞。拱券优良的承载能力其实来源于材料之间的侧推力，而材料之间的侧推力则来源于荷载的重量，如果荷载不够的话，拱券材料之间就没有凝聚力，结构就很容易散。所以，它可不怕荷载重，就怕荷载不够重呀！

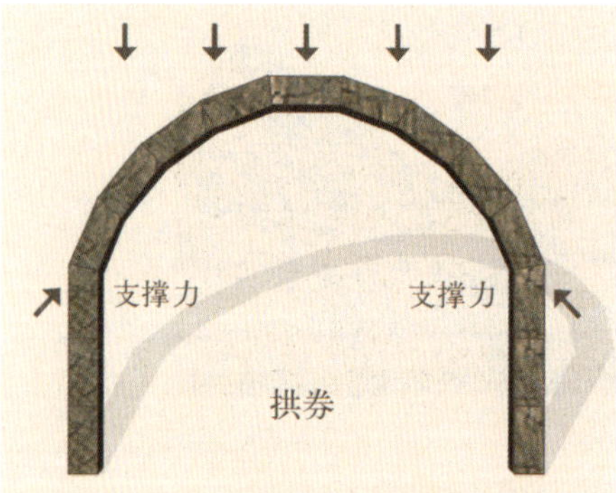

拱券受力示意图

窑洞内部

观后续发展

挖洞属于远古时代的事，尽管今天的人们已经能够利用现代技术以及先进的建筑材料建造出现代化的科技住房，但“挖洞”仍然存在于我们的生活中，且开挖技术越来越先进。在战争年代，为了躲避空袭，减少人员伤亡，人们会在地下挖掘防空洞。防空洞的结构坚固，它不仅可以用来储存物资，还能够抵御炸弹带来的伤害，保护生命安全。随着时间的推移，地下室产生了。它像极了下沉式的窑洞，冬暖夏凉，充分利用了地下空间，实现了土地资源的节约。

节约土地资源，发展和建设地下空间已经成为现代社会发展的大趋势，因此人们还会在地下进行采矿挖掘。那些穿越大山的公路和铁路、穿越湖底的隧道，以及城市里川流不息的地铁，都传承了古人挖洞的智慧。

山岭隧道

目前，我国的隧道开挖技术已经得到了高速发展，并处于世界领先水平。根据地质情况的不同，工程师们会采取不同的开挖方法。比如，山岭隧道常使用“钻爆法”，通过钻孔、装药、爆破来进行开挖；海底隧道则一般使用“沉管法”进行开挖。

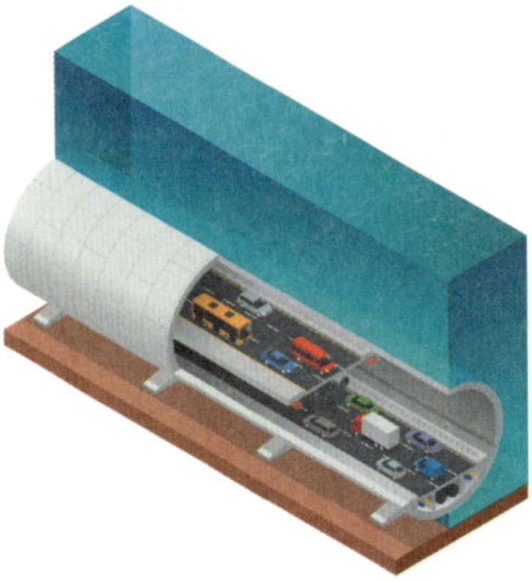

沉管开挖示意图

海底隧道内部

而目前最先进的隧道挖掘方法还要数“盾构法”，即利用盾构机进行开挖。它不仅挖得快，还挖得“优雅”，就像玩乐高积木一般逐渐完成修筑过程。这些先进的挖掘技术可是古人想都不敢想的。

盾构机

正是因为有了不断进步的科技，隧道才越挖越长，也越来越漂亮！陕西的秦岭终南山公路隧道长度达18.02千米，是目前我国最长的公路隧道。2017年贯通的港珠澳大桥海底隧道全长6.7千米，最大安装水深超过了40米，被誉为当今世界上埋深最大、综合技术难度最高的沉管隧道。

港珠澳大桥

地基

古建坊

探文化之源

你一定知道“百年大树，风刮不倒”的秘密，只有根基扎稳才能屹立不倒。“根深蒂固”说的就是这个道理。

清代故宫太和殿台基

建造房子也是如此，不论打桩还是夯土，都是为了奠定牢固的基础。这些听起来简单的施工方法，却有着你想不到的威力，它们共同承托起了中国古代雄伟的建筑。

古代的北方黄土厚实、地质坚硬，是大自然赐予的最好的地基用土。要想建成稳固的房屋，就要进一步夯实土层，筑牢基础。据考古发掘，西安半坡遗址中的土地都是经过踩踏夯实的。这就是最早的“地基”雏形。

西安半坡遗址复原模型

西安半坡遗址地面

后来，考古学家在河南偃师二里头发现的早商宫殿遗址，距今已有3500多年。这座宫殿的地基采用纯黄土整片分层夯实，深入地下约2米，每一层厚5 ~ 7厘米，用直径4 ~ 5厘米的木夯头密集夯打，夯土面积竟达1万平方米！令人惊讶的是，历经3000多年的岁月洗礼，这座中国古代宫城的“鼻祖”至今仍然十分坚固。

但不是所有的土都能用来夯土筑基。匠师们非常重视对地质的勘测，从而创造了“相土”“验土”等独门绝活儿。当建筑不得不被建在淤泥这类土壤上时，就要在地基底层打木桩，形成坚实的“桩基”。这种方法在宋代的“百科全书”——《营造法式》当中有详细记载。堪称“国宝建筑”的山西太原晋祠圣母殿，就是用这种方法修建而成的。900多年间，它经历了无数次强风和地震的考验，地基却没有发生任何不均匀沉陷。古人高超的筑基水平，多么令人惊叹呀！

临水筑基的山西太原晋祠圣母殿

古代没有除湿机，要想除去湿气，把地面抬高是个好办法，“台基”就此出现了。到了明清时期，台基逐渐发展成一个庞大的“家族”，不论是用材、款式还是工艺都有了质的飞跃。不仅有砖石底座，还有汉白玉底座。“雕栏玉砌应犹在，只是朱颜改”说的就是这种雕刻花纹的汉白玉台基。在明代仇英的《汉宫春晓图》中，我们也能看到它的身影。它用高级的用材和精致的花纹彰显着自己高贵的皇室血统。

你见过中国最高等级的台基吗？天坛祈年殿是皇家祭祀场所，规格超故宫太和殿台基，表达对天的敬畏。大殿建在高6米的3层汉白玉须弥台基之上，相当于两层房子的高度，面积达5900多平方米。雕花的栏杆环绕在3层圆台之上，有3组台阶，每组都有9层，象征着皇帝“九五至尊”的高贵身份。站在最高层向下望去，那条笔直的通道彰显出帝王君临天下的气势。

天坛祈年殿台基

践

古人之行

你是不是存在疑惑，地基的威力真的有这么大吗？我们一起来探究吧！

1 工具和材料

2 个底面大小相同、高度不同的纸盒，规格分别为 8cm×8cm×10cm、8cm×8cm×20cm；2 块凹槽深度不同的泡沫板，规格分别为 1cm 和 3cm；电吹风。

泡沫板

纸盒　　电吹风

2 实验准备

固定泡沫板。

[实验 1] 将矮盒子放在地上。

用电吹风吹地上的矮盒子

矮盒子移位、倒塌

[实验 2] 将矮盒子放在深度 1cm 的凹槽里。

用电吹风吹深度 1cm 凹槽里的矮盒子

矮盒子稳固、无晃动

[实验 3] 将高盒子放在深度 1cm 的凹槽里。

用电吹风吹深度 1cm 凹槽里的高盒子

高盒子倾斜、晃动

[实验 4] 将高盒子放在深度 3cm 的凹槽里。

用电吹风吹深度 3cm 凹槽里的高盒子

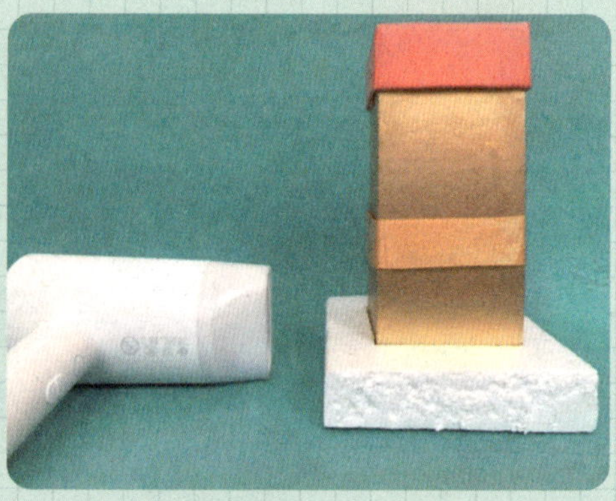

高盒子稳固、无晃动

3 实验结论：

通过实验 1 和实验 2 的模拟对比，你一定会发现有地基的房子更加稳固，抗压能力也更强。通过实验 3 和实验 4 的模拟对比，你也一定会发现房子的高度与地基的深度有关，房子越高，地基就要越深。

如果在沙土中做这个实验，你会有其他新发现吗？

1. 地基越深越稳固

你的盒子抵挡住强风的袭击了吗？看来地基才是房子稳固的关键！它就像大树扎入土壤的根须，树木越大，根就扎得越深。同样，房子越高，地基就要挖得越深。地基越深，地下的土壤越紧密，稳定性也越好。

大树根须

2. 土质优化更承重

（1）勘测优质土地

当然，除了地基深度，建筑的稳定性还与土壤的质地有很大的关系，越紧实的土壤，对建筑的承载能力就越强。可地球上的土地千差万别，有黏质土这样比较紧实的土壤，也有沙质土、壤质土这样相对松软的土壤。为了寻找适合建房子的土地，古人发明了一系列勘察地质的技术，让地基建造事半功倍，大大提高了房屋基础的承重抗压能力。

土质分类

（2）“相土”提高承载

“相土”就是古代进行地质勘察的重要技术之一。匠师们通过土的颜色、气味、颗粒大小等能够“相”出土质的情况，他们一般会根据土壤的紧实度和坚固性来判断地基承载能力的大小、透气渗水性的优劣。同样大小的泥土重量越大，土就越紧实，承载力就越大。土中水分越多，承载力就越小，比如水边的壤质土就不是理想的地基用土。对于这样的土质，人们会先用木桩打一层桩基。这样就把上层房屋的全部荷载分散开来，地基就能均匀受力了。

（3）优化土层配比

古人也会通过改善土层让房子更加牢固。最常见的方法就是用灰土层和碎砖层土石交替铺实，层层夯打形成一个“千层饼”地基。其中的灰土层是用生石灰与黄土按3：7的比例搅合而成的混合土，特别是在添加糯米后，土壤还具备了防腐、韧性大等特点，堪比现代的混凝土。据悉，工匠们在北京故宫太和殿的地基中发现了糯米的身影。根据专家们了解到的周围地基的情况和史料记载，这里的地基十分深厚，约有17米之深。600年间，它经历了222次地震，地基仍然坚硬牢固。

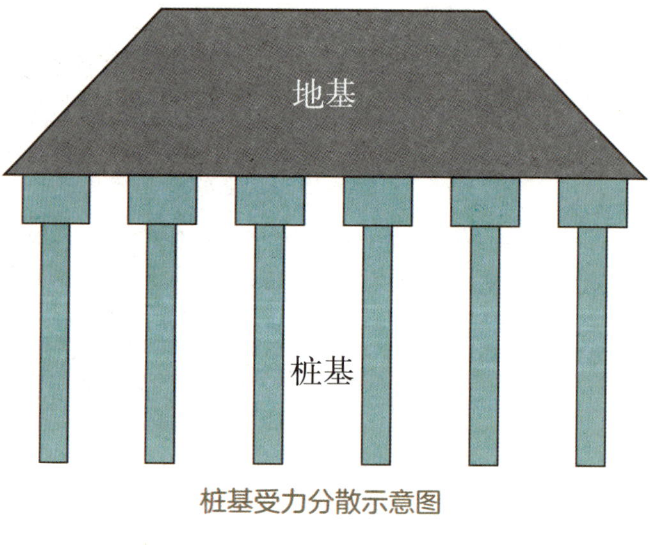

桩基受力分散示意图

观后续发展

万丈高楼平地起，一砖一瓦皆根基。地基作为建筑承重抗压的基础，也在不断变化发展中。新型材料的出现，大大提高了地基的承重抗压能力。钢筋混凝土这种复合材料成了现代地基的主要用材之一。人们把钢筋“编织”成一张张网，用水泥、水、增强剂、骨料等材料搅合并铺在钢筋之上，经过硬化就成了牢固的“钢筋混凝土桩”。

现代钢筋混凝土地基

钢筋混凝土桩

随着人们不断的发明创造，桩基增添了新的成员——维护结构的受力桩和止水的加固桩。同时地下空间也得到了空前的发展，地下室、地铁等成了人们生活的新空间。

地铁站

地基的建造可不简单，还要考虑地理位置、土质等因素。你知道中国的第一高楼——上海中心大厦的地基有多深吗？要建成高达632米的摩天大楼，地基不牢固可是万万不行的！由于选址的土质松软，不是理想的地基用土，中国工程师就在地下打了955根桩基，深度约86米，并在上面浇筑了60881立方米的混凝土进行加固。这块直径121米、厚6米的圆形钢筋混凝土“底板”，工人们动用了450辆搅拌车，连续作业63小时才浇筑完成。

在地面上，地基能让万丈高楼屹立不倒；在深海中，又该如何让海上堡垒巍然不动呢？为了开采海洋里的石油能源，我国打造了闻名世界的“海洋石油981”钻井平台。这个庞然大物重达30670吨，主体是一个内部空心的箱式甲板，用不同种类的高强钢做成。当下部船体潜入水中时，甲板会用自身的重量和船体一起保证平台的稳定性。此外，先进的锚（máo）泊系统和动力定位系统让平台更加稳固，即使遇到强风大浪，这个“海上巨人”也能屹立不倒！

上海中心大厦

“海洋石油981”钻井平台

立柱

探文化之源

不管怎样造房子，祖先们定都明白一个道理：房子一定要坚固！挖洞也好，夯土也罢，房子可千万不能塌了，要经得住风雨的洗礼才行。随着房子造得越来越大，要想房子不会坍塌，就要承托得住屋顶，“柱子”便由此而来。千万别小瞧了柱子，小小的一根柱可是我国古建筑千年不倒的秘密！

柱子，最早是由树干演变而来的。早期穴居的人们会用树干支撑房顶，树干就是柱子；巢居的人们会把大树作为房子的雏形，用树枝做横梁，树叶做屋顶，树干作为支撑，树干也是柱子。因此，早期的柱子截面都是圆形的。

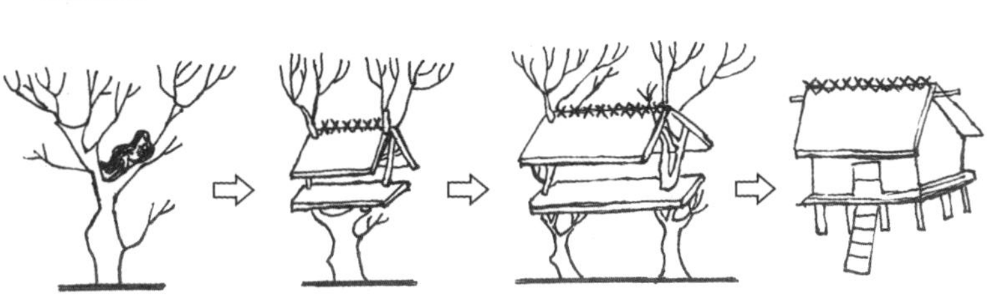

穴居与巢居中的柱子

后来，考古学家在浙江余姚河姆渡发现了新石器时代的干栏式建筑遗构，距今已有7000年。这种房子以竹材、木材作为主要材料，将底层架空，上面的楼层用于居住，这样不仅能隔绝地面的潮湿，也能阻挡一部分蛇兽。考古学家在河姆渡遗址中发现了大量桩柱、立柱，干栏式建筑之所以能够架空正是因为这些柱子的承托。

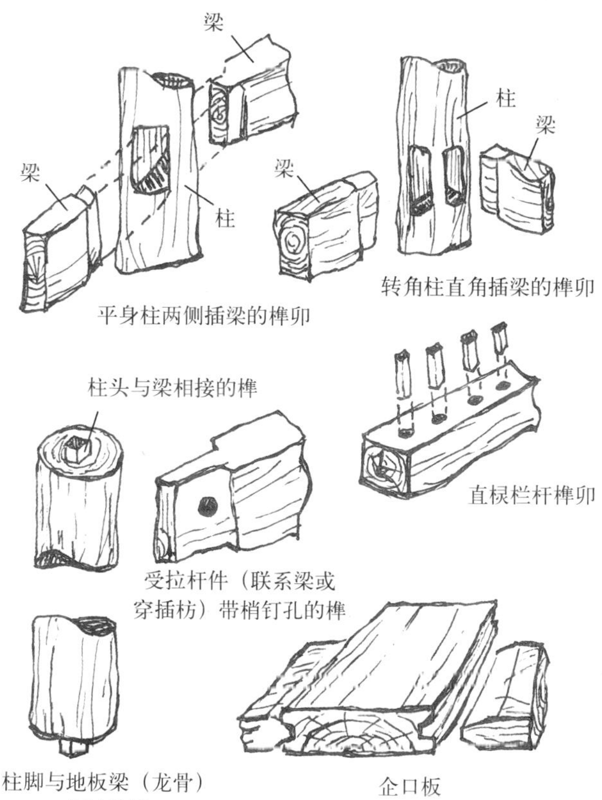

浙江余姚河姆渡建筑遗构中的柱子

从原始社会简单的木柱，到明清时期的外柱和内柱，柱子逐渐发展成一个很庞大的“家族”，不论是材料、款式还是工艺都发生了巨大的变化。柱子不仅有木柱，还有石柱、砖柱。瞧，这是石窟里出现的石柱。开凿时需要较大的内部空间，但又怕石窟坍塌，所以人们会留下部分岩石做成檐柱，或保留一块巨石形成窟心柱，上面还雕有神像，与整个石窟融为一体，多么巧妙呀！

石窟内的窟心柱

你见过中国最霸气的柱子吗？那就是盘龙柱！在中国很多较高等级的建筑物中，我们都能见到盘龙柱的身影。这种柱子的功能已经不仅是承重那么简单了，还是整个建筑中最亮眼的装饰物，凭借华丽生动的造型成为视觉焦点，也象征着房子主人的身份和地位。北宋建筑山西太原晋祠圣母殿的前廊位置，仍保留着最古老的八根木雕盘龙柱。这8根盘龙柱已历经千年的日晒雨淋，至今却仍保存完整，是不是一个奇迹呢？

晋祠圣母殿木雕盘龙柱

矗立在北京天安门前的两对华表柱上，同样有着被雕饰得威武生动的巨龙。这些华表柱虽不是用来承重的，可它们是“顶天立地”之柱，是百姓与君主沟通的桥梁，用来劝诫皇帝常去民间看看百姓的疾苦。这4根华表柱为汉白玉材质，在距今600年的大明永乐年间建造而成。它们代表着我国古人的智慧，散发着中国传统文化的精神气质。

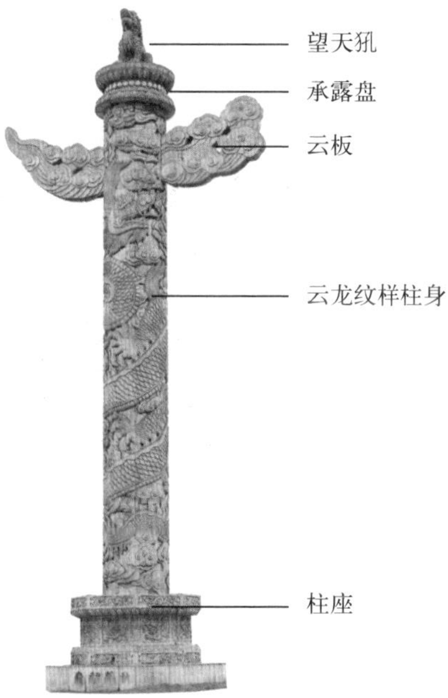

华表柱示意图

践

古人之行

什么样的柱子才最稳固呢？如果你是建筑师，你会建造怎样的柱子？让我们一起来探索吧！

工具和材料：

擀面杖、方形橡皮砖、书、沙坑、白乳胶。

【实验 1】柱子的承重效果测试。（测试擀面杖与安装一个较重底座的擀面杖在承重效果上的不同。）

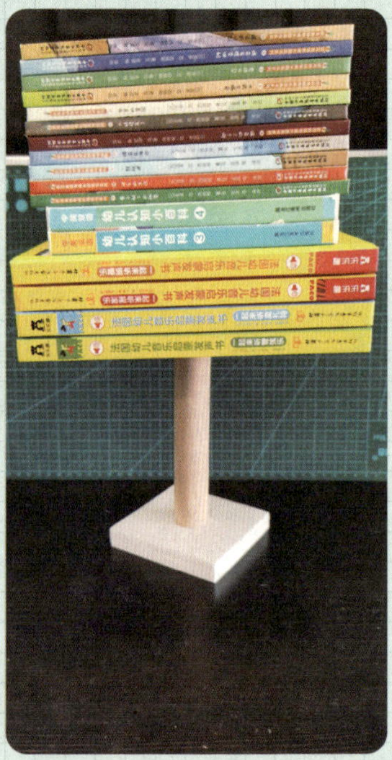

直立于桌面的擀面杖可以承重 6 本书。用白乳胶将橡皮砖固定在擀面杖底部。待牢固后，再次测试，承重可达 11 本书。

实验结论：安装一个较重的底座，增大了柱子与地面的接触面积，可以使柱子更稳、承重效果更好。

【实验 2】柱子与地面的接触效果测试。（分别把擀面杖、安装有底座的擀面杖放在沙坑表面，再施加同等重量的重物，观察沙坑表面有何变化与不同。）

擀面杖直立于沙坑，施加重量

沙坑表面下陷严重

将安装有底座的擀面杖置于沙坑，施加相同重量

沙坑表面平整，无明显凹陷

实验结论：安装上底座后，增大了柱子与地面的接触面积，减小了相同压力的作用效果。

析

科技内涵

1. 柱础的重要作用

跟你一样，古人也在想尽一切办法让柱子变得稳固，以撑得住越来越繁复沉重的屋顶。其实，最早的柱子是“种”在地下的，也就是插在地底下的，就像大树一样。但人们逐渐发现柱子埋在土里很容易下沉，于是在柱子下面垫了一块大石头，这样倒是解决了下沉的问题。但时间久了，人们发现柱子埋在地底下容易受潮腐烂，影响房子寿命，于是又把柱子连同垫着的石头一起搬到了地面以上。这块石头逐渐变成柱身的一部分，被称为“柱础”。柱础大多为石质，它是承受屋柱压力的奠基石；同时，它也可以传递上部的负荷，增大柱子和地面的受力面积，防止坍塌。也就是说，重量相同的时候，增大受力面积，就可以减小压力的作用效果。这就像前面的实验中，没有使用柱础的沙坑会比使用了柱础的沙坑表面凹陷更明显。柱础的出现，解决了柱子下沉的问题。几乎所有木结构建筑中，柱柱皆有础!

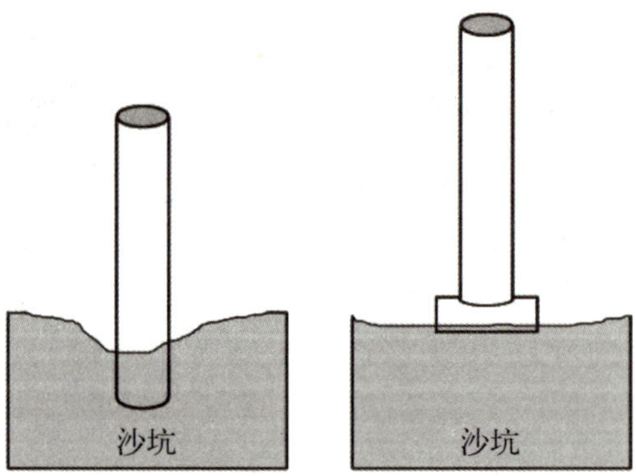

柱子受力示意图

2. 木材与防腐

被选作柱子的木材可是有讲究的，既要木质坚硬，还得防腐防潮。故宫里随处可见的木柱已有600年的历史，为何看起来依旧如新？那是因为最早时候故宫的柱子使用的是极为名贵的金丝楠木，“水不能浸，蚁不能穴”说的正是它。这种木料坚硬、耐腐蚀、防虫，是我国特有的珍贵木材。金丝楠木的生长极为缓慢，至少需要200多年才能成材。目前这种树木因被过度砍伐，濒临灭绝。

3. 立柱形状与承重效果

你会不会以为所有的柱子截面都是圆形的？其实不然。我国古建筑中的柱子按照截面形状可以分为圆柱、方柱、管柱、矩形柱、工字形柱等。圆柱最为常见，并不仅仅是因为它来源于树干的自然形态，更重要的是因为它有着更优越的承重效果。瞧，一个小实验就能解决你的困惑！用同样的纸张分别折成正三棱柱、正四棱柱和圆柱，试一试哪个承重效果更佳。假设周长都为25.12厘米，其中圆柱的横截面面积最大，即接触面积最大，所以承重效果最好！而且，圆柱受力均匀、有对力的分解作用，安全没有棱角，所以成为房屋承重首选。

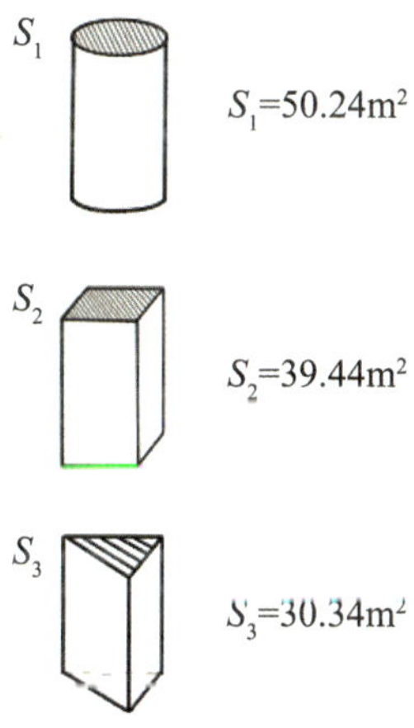

三种柱形横截面面积比较

4. 柱头：房屋明星承重部件——斗拱的由来

房屋的另一承重构件——梁，承托着建筑物上部构架中的构件及屋面的全部重量。它是一个水平放置的构件，依据具体位置、形状及作用的不同有不同的名称。假设我们盖房子时只有柱子和梁，那么直接把梁水平放在柱子上行不行呢？当然不行。就像随手搭起的积木，肯定不牢固。所以，柱子与屋顶梁架之间还有一个起着过渡作用的结构：柱头。这就好比树干上部有分叉，形似分叉的柱头正好可以支撑水平放置的屋梁。中国古建筑中的明星部件——斗拱就是从柱头上脱离出来发展为独立结构的。

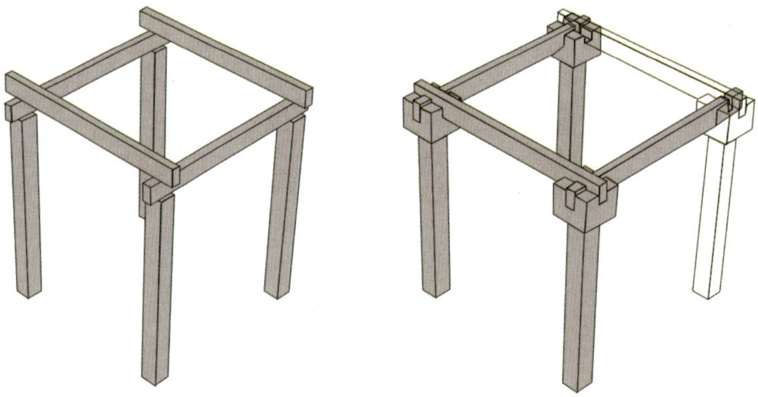

无柱头与有柱头的横梁立柱搭建示意图

观后续发展

柱子作为古建筑中承重的重要结构，其发展发生了重大变化。在一些建筑中，柱子作为建筑整体设计的一部分，逐渐从承重的单一功能中走出来，而成为营造空间的一个独特部分。意大利都灵工人文化宫是一件非常富有想象力的建筑作品，它巨大的柱子和顶部的钢梁结合成一把撑开的大伞，每一把“雨伞”都是一个独立的单元，承托起十分开阔的内部空间。

意大利都灵工人文化宫
（1959，奈尔维）

在现代建筑中，柱子之所以能够拥有千变万化的造型，很重要的一部分原因是现代科技材料的出现。钢结构、混凝土可以让柱子变得越来越细、款式越来越丰富。都灵工人文化宫的伞柱就采用钢筋混凝土结构，优越的承重材料允许空间减少柱子的数量，让空间更为开阔，增强了视觉冲击力。上海浦东机场T2航站楼的柱子是钢结构的树形柱，像树干一样撑起参天大树。这种钢结构构件和节点细节都十分考究，让空间看起来轻盈活泼。

上海浦东机场 T2 航站楼

除此之外，柱子也在各类现代建筑中发挥着重要作用。我们时常会在桥梁的建造中看到柱子的身影，它们是桥墩的一部分，用来支撑桥跨结构，并将荷载传递到地基。为了拥有良好的承重能力，桥梁中的柱子通常选用钢筋混凝土作为材料，它对确保桥梁结构的稳定性起着非常重要的作用，撑托起现代交通的发展。

现代桥梁

桥墩

土墙

古建坊

探文化之源

中国的汉字具有表意功能。比如古语中代表墙的四个汉字——“壁”“垣”“堵”“墉”，都带有“土”字边，可见早期的墙主要是土质的。以泥土为主要材料的建造传统，在我国拥有数千年的历史，分布也十分广泛。

据考古记载，6000多年前的半坡遗址中已开始使用堆积法建造矮墙。商朝时期出现了夯土版筑墙，成为夯土墙发展的一个关键性技术。孟子曰：“舜发于畎（quǎn）亩之中，傅说（yuè）举于版筑之间。”这里的“版筑”指的就是夯土技术。古人就地取材，先将泥土加水闷湿，再用木板夹在墙的两侧，然后将土料倒入模板内，接着用力夯击打土，使泥土变得更为结实，一般土料要分层填夯，木板也随之上移，这样筑成的墙称为版筑墙。

半坡遗址复原模型

夯土技术历史悠久。“长城饮马寒宵月，古戍盘雕大漠风”。说到长城，人们的印象里是清一色的大砖，但实际上早期的长城是用夯土技术建造的。秦朝统一六国后，大力修缮并连接各国长城，才有了我们现在的万里长城。据《史记》记载：秦长城从临洮建起，直至东北辽国属地山海关，绵延万里。长城墙体均为黄土夯筑而成，坚实而牢固，可以防御匈奴的侵扰。秦长城历经两千年屹立不倒，古人用夯土筑墙创造了人类建筑史上的奇迹。

被誉为世界文化遗产的福建土楼是夯土文明最杰出的代表物，是一种用夯土夯筑的巨型民居建筑。在福建山区，一座座土楼星罗棋布。永定的承启楼是福建土楼中规模最大的圆形土楼，

汉长城遗址

被誉为“土楼王”，占地面积5376.17平方米，共有400个房间，最多时居住了700多人。相传该楼始建于明崇祯年间，花费81年时间，于清康熙四十八年（1709年）建成。承启楼由四个同心圆的环形建筑组合而成，四环四层，圆中圆，圈中圈，造型奇特，像极了汉字的“包围”结构。外墙厚度达一米多，特别坚固厚实，墙上有一些小窗户，但并不是用于采光和通风的，而是当时用于观察远处的情况，起着防御作用。可见，当时的夯土技术已经达到了巅峰水准。

夯土墙朴实无华，却彰显出自然之美，用最简单的语言，描述着时代的变迁。

承启楼

承启楼局部细节

小朋友们，想不想也来实践并体验一下夯土筑墙技术?我们来试着做一做吧!

工具和材料

1

工具和材料

一个去底的硬纸盒、胶棒、糯米胶、垫板、泥土。

2

实践制作

（1）将硬纸盒平放在垫板上，然后将泥土倒入。
（2）加入糯米胶，混合均匀。

将泥土倒入硬纸盒内

加入糯米胶混合

（3）用胶棒进行夯锤。

（4）脱模。

用胶棒夯锤

脱模

析

科技内涵

1. 夯土原料的选择

土层结构示意图

是不是所有的土壤都适合用来夯土呢？当然不是。最表层的土壤直接与空气接触，质地松软，适合进行种植。种植层土壤之下便是适合建造夯土墙的土质，其颗粒组成丰富，质地也更为坚实。你们发现了吗？泥土中含有大小不同的颗粒，如石块、砾石、沙、粉土、黏土等。大颗粒砂石——石块、砾石、沙等构成了土块的骨架，它们之间有较大的空隙，就需要小颗粒的黏土加水作为黏结剂来填充，将所有颗粒黏结成整体，从而形成夯土原料。就像我们在夯土实验中加入糯米胶，可以使颗粒更牢固地黏结在一起，从而增强泥块的承重性。

泥土颗粒的构成

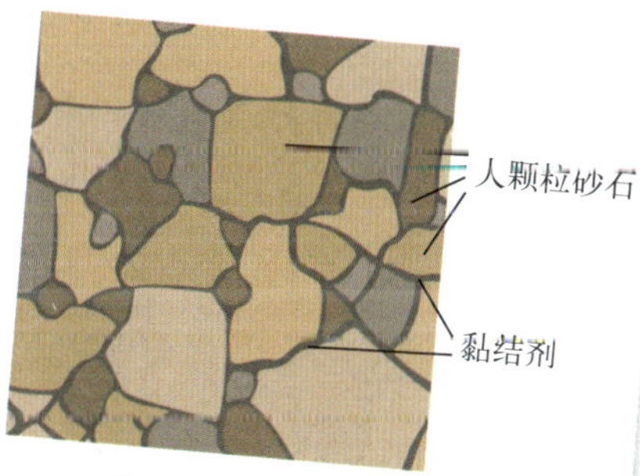

黏结剂填充示意图

土质的好坏直接影响着夯土墙的稳固性，一般采用的是黏性较好、含沙量较多的土壤。如果土壤黏性不够，需要加入田泥（水田底层的淤泥）；如果土壤含沙量不足，需要加入河沙。只有当材料中的颗粒尺寸合理时，颗粒间的空隙才能有效地缩小。这样夯筑出来的墙体，才不会因为土壤收缩率大而产生开裂的现象。砾石和细沙可以有效地阻隔外界水分的侵蚀，这也是夯土墙表面质地坚硬的主要原因。除此之外，古代也没有承受压力、拉力的钢筋，古人们就创造性地加入麦秸、稻草、芦苇、竹子来提高泥土的强度。

2. 夯击成型原理

建造夯土墙的原料虽然被黏结在一起了，但是表面凹凸不平，质地又松散，离坚固美观的墙体可差太多了。于是相当有智慧的古人们想到了以木板作为模板夹在两侧，用木杵来夯击压实泥土，通过外力作用去除颗粒间的空隙，增加泥土的紧实度，提高其强度。经过夯击的泥块体积被压缩，平整又紧实，不仅稳固性大大提高，还能减少表面渗水。夯层越薄，越容易夯实，墙体越坚固。夯实第一层泥土后，加料夯打第二层，通过层层夯筑，墙体就建造好了。

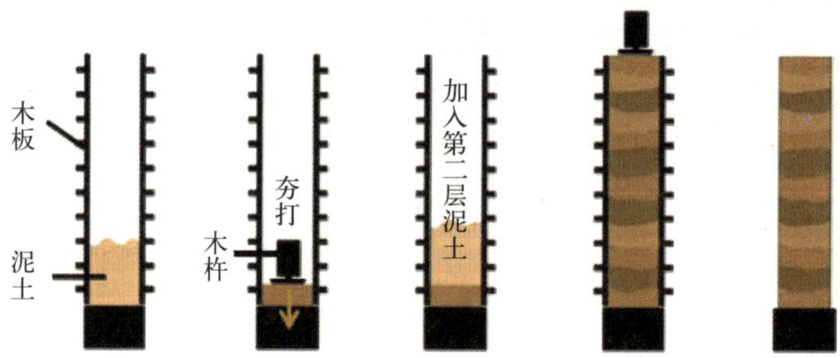

夯土墙成型原理图

土墙在做法上，除了夯土筑墙，还有土坯砌筑。人们把黏土摔打修整成方正的土块，或者直接在模具里压制定型，不用经过烧制直接晾晒成型，就能做成土坯砖。若将土坯砖放在砖窑中以高温烧制，就会变成砖块，如青砖、红砖等。

砖墙

土坯摆砌法也和砖墙不同：砖墙的砖块平放，大面向下，或一顺一丁或三顺一丁等；土坯墙则不然，土坯要立放，一般是一层立坯，一层平坯，而且侧面不用泥，只是平面接缝用泥。这样，墙体可以承受得住自重产生的压力，如果平放，由于加工粗糙，有断折危险。

一顺一丁

三顺一丁

土坯摆砌

在用砖块建造房屋的过程中，最初是由石灰砂浆来填补砖石中的空隙的，后来在其中加入了糯米和熟石灰，形成了超强度的糯米灰浆。这样砖块间的连接就更牢固了，墙体也更坚实了。

现在以钢筋混凝土为代表的各种新型建筑材料成为主流，数不胜数的摩天大楼拔地而起。混凝土由水泥、砂石等混合而成，水泥加水混合成水泥浆，组成混凝土中的黏结剂，将所有砂石颗粒及钢筋材料包裹起来，并填充其中的空隙。其中，钢筋起着承受荷载、增强稳固性的作用。由于水泥浆会自行硬化，使各种材料胶结成整体，因此整个过程就不再需要夯击了。广州塔，昵称“小蛮腰”，是广州的地标性建筑，总高度600米，主要结构材料为高强度钢材和混凝土。塔体结构以钢筋混凝土核心筒作为轴心，外筒为钢结构体系。钢结构和混凝土的结合可谓强强联手，将建筑的发展推向更高大、更稳固的方向。

幕墙是现代大型或高层建筑常用的带有装饰效果的轻质墙体，苏州文化艺术中心幕墙就是典型代表之一。设计师用大面积的连续横向开窗，替代了原来旧式建筑厚重的外墙和各式窄窗，使墙成为建筑整体设计的一部分。除了具备通透、宜居、美观等功能外，幕墙更重要的功能是节能和安全，实现了建筑与美学、科技的共鸣。

广州塔

苏州文化艺术中心幕墙

榫卯

古建坊

探文化之源

小朋友们，喜欢玩拼图游戏吗？将拼图的各部分通过凹凸结构相互连接是一个既益智又有趣的过程。其实我们的祖先早就发现了这个原理，将它称为“榫卯（sǔn mǎo）结构”，并广泛运用在木建筑结构中。

古建筑中的榫卯结构

什么是榫卯结构呢？榫，也可以叫作榫头，指的就是木块凸出的部分；卯，也可以称为卯眼、榫槽，指的就是木块凹进去的部分。将凸出的榫头打入凹进去的卯眼中，使它们紧密连接在一起，这就是榫卯结构。榫卯的功能在于使千百件独立松散的构件，紧密结合成一个符合设计要求和使用要求的、具有承受各种荷载能力的完整的结构体。榫卯相契合，木料之间就可以完美衔接了。

木制拼图

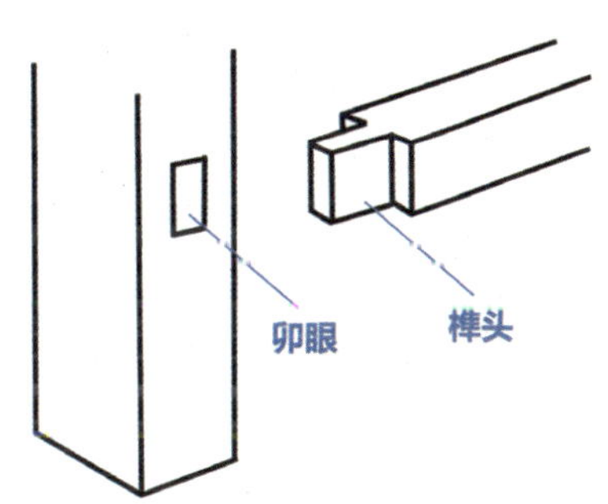

榫卯结构示意图

榫卯的历史可追溯到7000年前的新石器时代，那时的河姆渡人就已经发明了榫卯结构，并以此构建家园。可见，榫卯比汉字的历史还要久远呢！唐宋时期人们用榫卯技艺来修建木拱廊桥，李东阳的跋（bá）诗“虹桥影落浪花里”说的就是《清明上河图》中的虹桥。这座桥梁全部是木结构，通过榫卯工艺搭建而成，单拱横跨汴河，桥身并没有柱子支撑，从而使通过的船只可免去撞柱的危险。

山西应县木塔始建于1056年，是我国现存最古老、最高大的纯木结构楼阁式建筑。说出来你们肯定不信，这座高67.31米的木塔，没用一颗铁钉，真的是名副其实的纯木结构。虽经历无数次的地震、雷击、战火侵袭和狂风暴雨，应县木塔依然屹立在黄土高原上，巍峨之势不改，在我国木结构建筑发展史上书写了最为辉煌的篇章。这座佛塔的梁、枋、柱等都是用我们刚刚说过的榫卯结构咬合而成的。古人的建造技艺太令人惊叹了！

应县木塔

榫卯的形式有很多，但总的特点是榫头与卯眼两构件结合时，越压越紧。据《营造法式》《鲁班经》等典籍介绍，榫卯结构千变万化，有平榫、斜榫、对榫、全榫、半榫、燕尾榫、插肩榫等100余种。

燕尾榫

榫卯结构让建筑拥有生命的张力，其稳定结实的内在也藏着中国人对生命、自然、处世的灵性表达。“何方圜（yuán）之能周兮？夫孰（shú）异道而相安？”其中，“方”指的是方形的榫头，“圜”指的是圆形的卯眼，方形的榫头与圆形的卯眼不能互相配合。屈原在《离骚》中用榫头和卯眼做喻体，表达志向不同不能彼此相安，以陈说自己不能与世俗同流合污。榫卯就像一把开启历史大门的一把钥匙，带领我们领略古人的智慧，感受古人的生活。

践

古人之行

榫卯虽然是一凹一凸的简单扣合，但可以复杂到千变万化。让我们用胡萝卜制作一个榫卯结构的小板凳，来领略榫卯里蕴藏的智慧吧。

1 制作准备

材料：
凳面胡萝卜片 1 块：规格为 50mm × 30mm × 6mm；
凳腿胡萝卜片 2 块：规格为 30mm × 30mm × 6mm。

工具：
砧板、水果刀、铅笔、直尺。

胡萝卜片

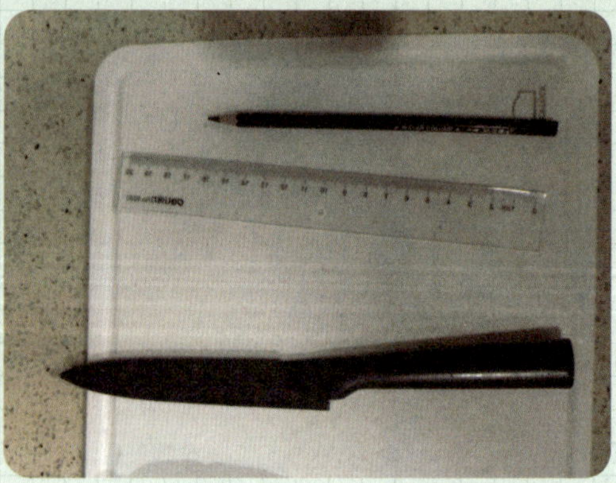

工具

2 实践制作

（1）画线：将胡萝卜片按尺寸图画线，单位为 mm。

①卯眼（凳面）

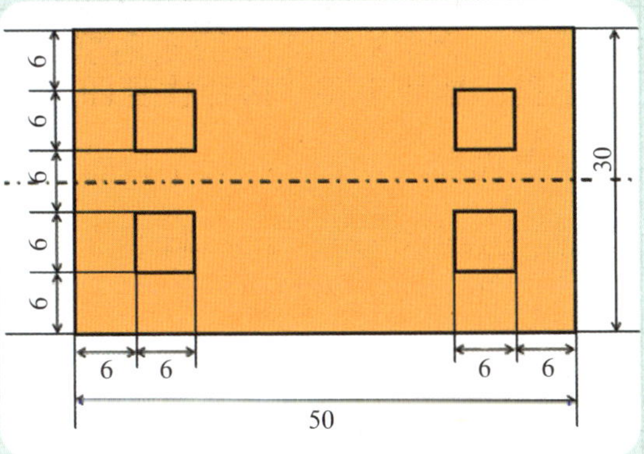

凳面尺寸图

凳面画线

②榫头（凳腿）

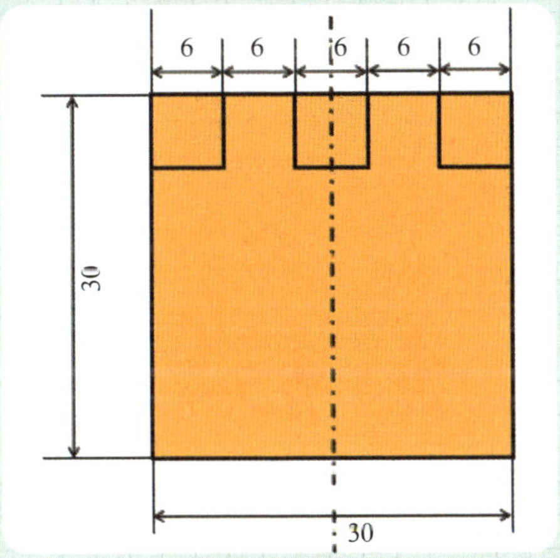

凳腿尺寸图

凳腿画线

(2) 切割：沿画线进行切割，刀头垂直，注意安全。

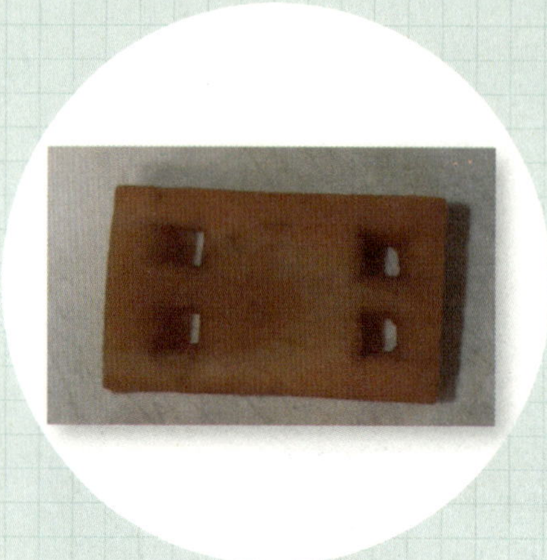

卯眼成品图

榫头成品图

(3) 榫卯接合：将榫头与卯眼接合组装。

板凳成品图

精致可爱的胡萝卜榫卯小板凳就制作完成了，让小兔子来体验一下吧！

1. 榫卯结构的天衣无缝

榫卯结构的连接原理看似简单，但要做到天衣无缝并不是一件容易的事。

首先，这和木材的材料特性紧密相关。木材是一种很神奇的天然材料，其内部细胞在死亡干燥后会变成成束的中空管状纤维。当受到横向之力时，木材就会压缩变形；而当外力消失时，木材的中空管状纤维也能快速恢复。这就像用手按压海绵它会陷下去，而手拿开它又会回弹一样。

木材横截面图

其次，榫头和卯眼尺寸要精准合适。在制作榫头和卯眼时，不仅要进行精确的计算，还要进行精密的加工。在设计榫卯结构尺寸时，榫头截面的长宽一般比卯眼大

0.1 ~ 1mm，这样榫头插入卯眼后虽然会紧一些，但由于木材的特性，卯眼也不会被胀坏，而此时接合强度是最大的。如下图所示，A段要比B段略长一些，C段要比D段略长一些。

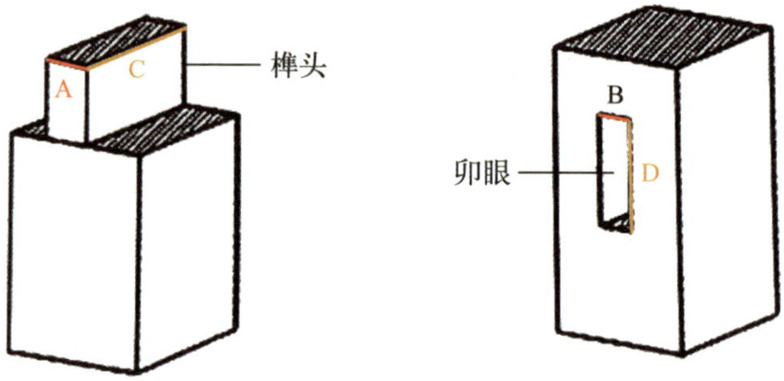

榫头、卯眼尺寸示意图

我们在制作胡萝卜小板凳时，榫头和卯眼的尺寸是一致的，但古人会将榫头的长度制作得比卯眼深度略大2 ~ 3mm，这样装配后再刨平，接合处的表面就会很平整。当然，其他类型的榫在制作时也有严格的工艺要求。

2. 榫卯结构的稳定性

为什么说榫卯结构能增强稳定性呢？木材由纵向纤维结构构成，因此只在纵向上具备强度和韧性。比如桌腿、柱子等直立构件，都是受到纵向压力的作用；当受到横向压力时，纤维细胞就会被压扁，从而容易折断。

当通过榫卯结构连接后，就有了两个方向的纤维走向，即变换了受力方向，使受力点都作用于木材的纵向纤维，那么木材在纵向、横向都能够承受较大的力，从而能够增强结构的稳定性。

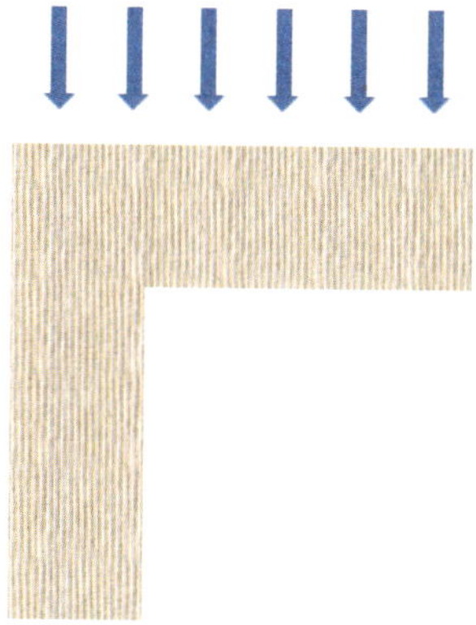

纵向稳定

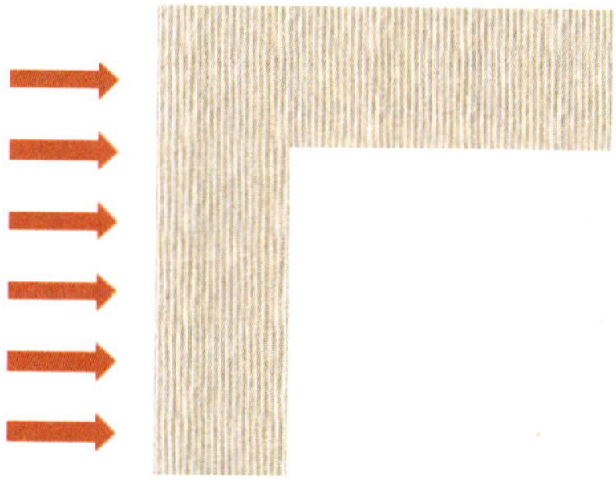

横向易断

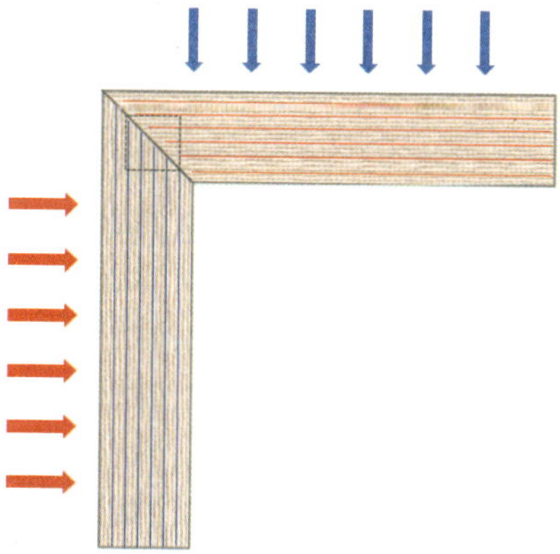

结构稳定

3．榫卯结构的抗震性

榫卯结构不仅具有承载能力，还具有神奇的抗震作用。下面我们以下图所示的管脚榫为例进行说明。管脚榫多用于柱和基础的连接，当柱上受到水平荷载时，柱子受到水平力P的作用，柱子顶端向右倾斜，管脚榫与基础发生挤压，榫头受到挤压力N的作用，从而形成抵抗拔出的摩擦力f。同时，古建筑的屋顶一般都非常重，可以提供较大的抵抗倾覆力矩，从而使得房屋整体具有很好的稳定性。

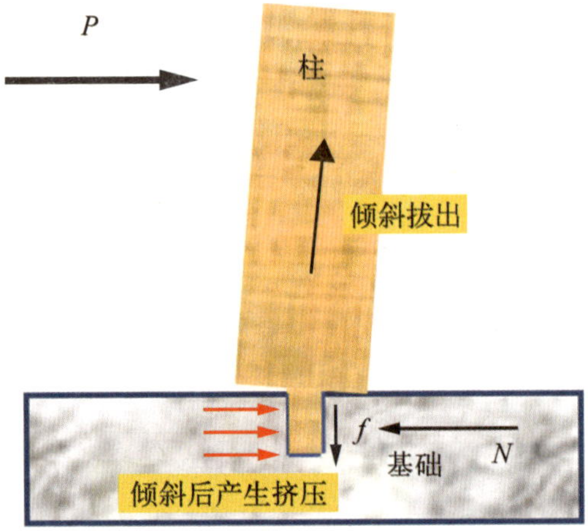

管脚榫受力分析示意图

从上述分析可以看出，榫卯在拔出的运动中使结构构件产生了变形和相对位移，这不仅改变了结构的整体性，也调整了结构的内力分配。另外，由于榫头与卯眼间形成了摩擦滑移，在地震作用下，结构松动、形变和构件之间的摩擦可以吸收大量的地震能量，因而具有减震耗能的能力，并能够延长建筑的晃动周期，产生隔震效果，最终减弱上部结构的地震反应。

古人用聪明智慧发明了各种形状的榫卯结构，还基于类似的连接方式发明了“升、翘、昂、斗、拱”等构件。将这些构件巧妙连接，可以形成形状各异、造型奇特、精致华美的复杂组合，这就是中国古建筑中另一个大名鼎鼎的承重构件——斗拱。

平遥镇国寺万佛殿斗拱

上海世博会中国馆是现代斗拱建筑的典型代表，其采用仿木钢结构，以四根巨型立柱承托起体量庞大的多层次巨梁空间。层层出挑的斗拱造型，展示了中国建筑悠久的历史沉淀和丰富的文化内涵。

手工作榫是老祖宗留给我们的宝贵财富，但复杂的榫卯制作需要耗费很长的时间，并不适用于大规模的工业生产。随着科学技术的进步，一些榫卯结构逐渐被胶水和螺钉所代替。虽然这样的连接方式符合规模化、工业化的生产要求，但是时间长了，胶水会变黄脱落、螺钉会腐蚀生锈，从而影响整体结构的稳定。

上海世博会中国馆

胶粘

螺钉连接

随着时代的变迁，其他用于连接的材料应运而生，它们又是如何连接的呢？鸟巢是2008年北京奥运会最重要的标志性场馆，它还有一个形象的称谓："焊绣"精品。与传统的横竖直线条钢结构工程不同，它内部没用一根立柱，而是由5万吨各种不规则的钢梁和构件通过焊接，组成了网格状马鞍形的"鸟巢"外观，焊缝的总长度达32万米。为了使鸟巢坚固又美观，焊接处既要牢固，又要尽可能平整，焊工师傅则需要悬挂在40米高空焊接，一个人一整天才能焊完1米的焊缝，他们以极其严格的标准"编织"出了这一"焊绣"精品。

鸟巢外观

当看到国产C919大飞机翱翔于天际时，你是否想过，飞机是如何被连接成一个整体的？用于制造飞机的材料一般都是钛合金之类的金属，因不宜焊接，它们是通过上百万颗大大小小的铆钉连接在一起的。小小的航空铆钉，不仅仅是中国航空科技的智慧连接，也是中国人“工匠精神”的展现。

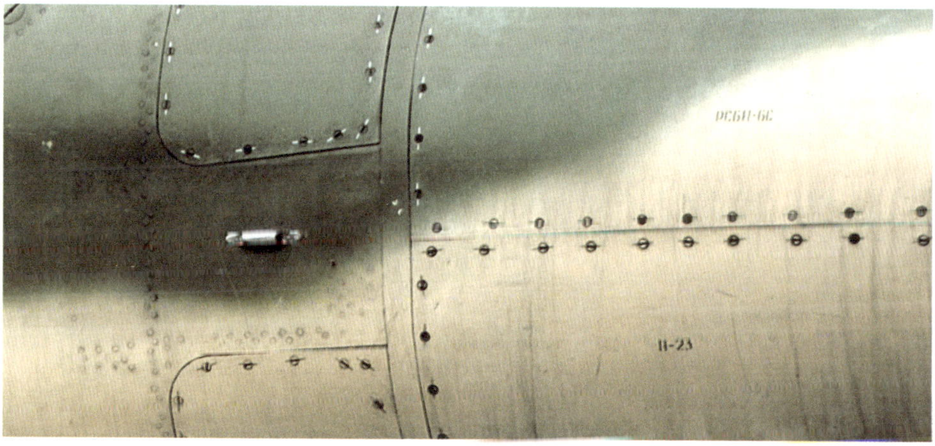

飞机机身铆钉

屋顶

古建坊

探 文化之源

“房子房子，戴帽子，尖尖的两头，翘胡子。”这个谜语说的就是中国古代建筑的屋顶。大大的屋顶、反曲的屋面和起翘的屋角赋予了中国古代建筑以独特的美感，俨然成为中国古建筑的一张名片。

北京故宫采用的重檐歇山顶就是典型代表。

北京故宫重檐歇山顶

6000年前，穴居于黄河上游的古人就已经会模仿山的形状，搭建一种只有屋顶的“半地穴式”房屋。这种屋顶用树枝做支撑，用茅草和泥巴做屋面，不仅能避免日晒雨淋，还能扩大房屋空间。它就是屋顶的雏形。

西周时期，屋顶的筑造材料得到了改善，由茅草发展为瓦面，这样防水问题得到了解决。到了秦汉时期，“抬梁式”和“穿斗式”成了人们常用的木架结构。人们把横着放的木头叫作“梁”，把竖着架在梁上的木头叫作“檩”（lǐn），把铺在檩上的木头叫作“椽”（chuán）。将这些木头通过层层交叉叠放，就形成了一个牢固的木架结构。

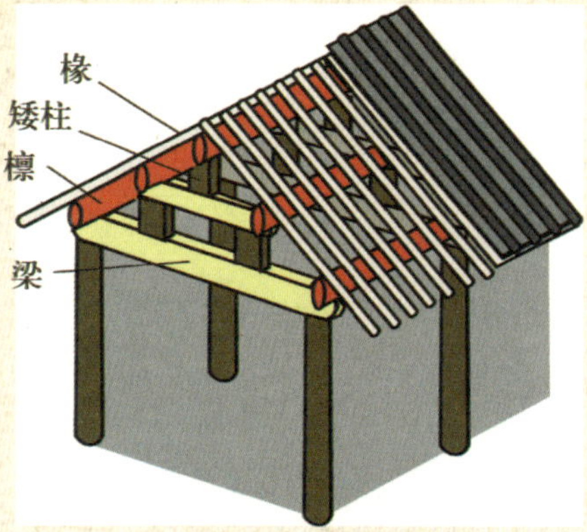

“抬梁式”木架示意图

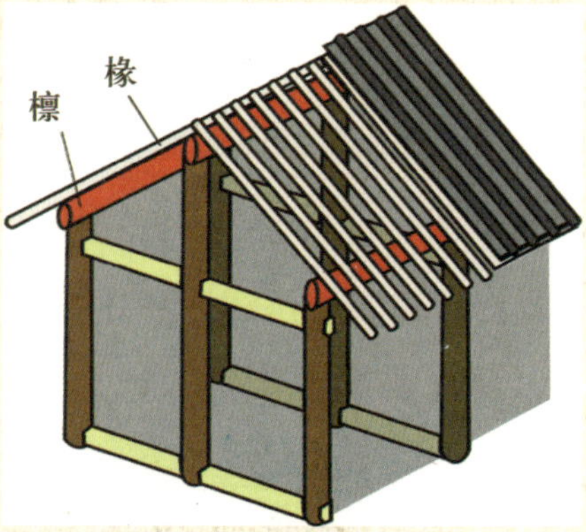

“穿斗式”木架示意图

唐宋时期屋顶款式繁多，建造技艺高超。此时的屋顶也成为主人身份和地位的象征。据《营造法式》记载：“庑（wǔ）殿顶”为皇宫和大庙专用；“歇山顶”为寺院和官府专用；“硬山顶”为民居用。两层的庑殿顶叫作“重檐庑殿顶”，是屋顶的最高等级，只有皇家才能使用。

唐朝佛光寺大殿庑殿顶

唐朝南禅寺大殿歇山顶

清朝山西王家大院硬山顶

到了明清时期，匠师们建造屋顶的样式更加复杂。比如故宫的“角楼”，由6个歇山顶交叠而成，3层屋檐、28个翼角上装饰着230只“吻兽”，典雅高贵，错落有致。传说天上二十八星宿（xiù）中的角宿最为善战，所以皇帝在紫禁城的四角建造了最高等级的屋顶，想请角宿下凡保护自己，因而取名“角楼”。

明朝北京故宫角楼

明朝角楼屋顶吻兽

践

古人之行

中国古代最原始的屋顶就像一顶帽子，被称作“攒（cuán）尖顶”，常见于亭、榭（xiè）、阁、塔等建筑中。比如，苏州拙政园中的“梧竹幽居亭”就是四角攒尖顶凉亭。让我们一起来尝试搭建一个四角攒尖顶小凉亭吧！

苏州拙政园中的梧竹幽居亭

1 制作准备

材料：木棒或木块、皮筋、一个纸盒、纸藤或绳子。

工具：美工刀或锯条、中性笔、木胶、尺子、砂纸。

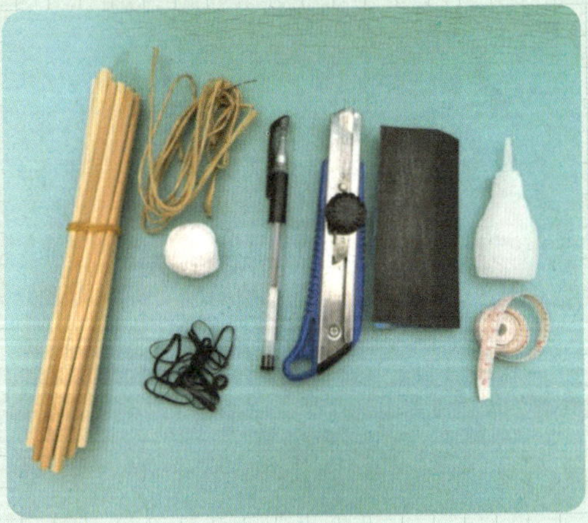

材料和工具

2 制作步骤

（1）确定尺寸，绘制设计图。

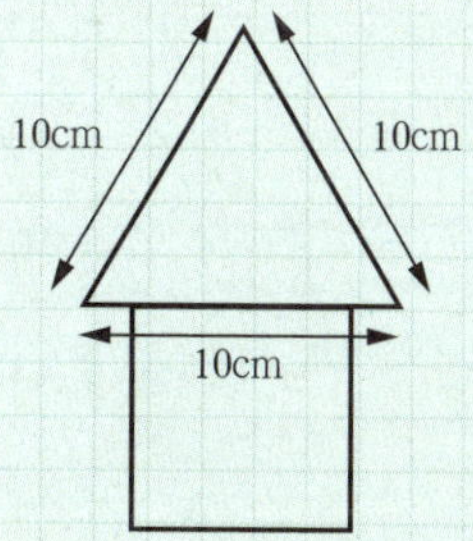

（2）画线切割，打磨光滑。

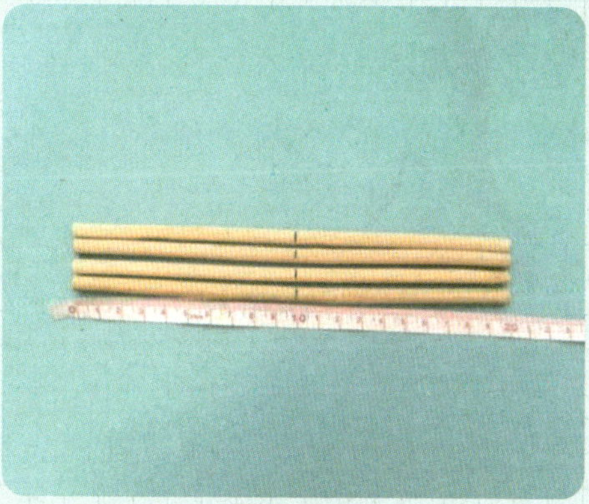

画线切割

打磨

（3）捆扎两个三角形。

捆扎

（4）组装固定并调整。

组装

调整

（5）铺面。

铺面

（6）组合、装饰。

组合、装饰

你也可以发挥想象，选取不同材料搭建一个更有趣的屋顶。

屋顶样式图

析

科技内涵

1. 木材选择与处理

（1）择优木材

建造稳固的屋顶离不开优质的木材。制作屋顶的木材要有很好的韧性和抗压能力。比如，松木、榉木、楠木等都可以用于屋顶的制作。

（2）防腐处理

要对木材进行有效的防腐处理，常用方法有“浸渍法”“刷漆法”。古书中记载的一种浸渍法具体为：把木材泡在铜青（醋酸铜）溶液中，根据木材的透入度和药剂保持量来进行处理，浸渍后的木材具有良好的防腐效果。

2. 屋架结构抗压

建造稳固的屋顶也需要承载力强的屋架结构，因此无论“抬梁式”还是“穿斗式”都采用三角形框架结构。三条边长确定的三角形在自身重力或外力的影响下，能够始终保持不变形，也就是我们常说的三角形结构的稳定性。古人搭建的屋顶都是采用的这

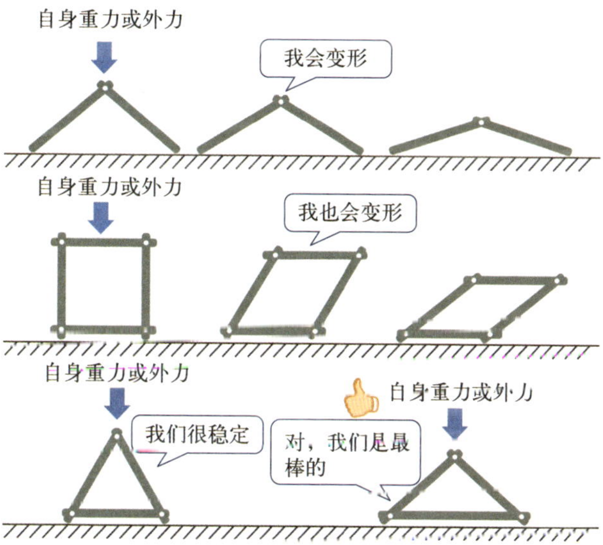

三角形稳定性原理受力分析示意图

一原理。“践古人之行中”搭建的攒尖顶“小凉亭”就是由四个稳定的三角形连接而成的四棱锥。要想稳定屋顶，就要搭建更加复杂的木构架，而“抬梁式”木架是最普遍的构架形式。它是在柱上放梁，梁上放短柱，短柱上再放短梁，层层叠落直到顶部，从而形成一个更有支持力的木构架。

现代“抬梁式”屋顶

观后续发展

随着科技的进步，钢材、玻璃等屋顶材料的多样化发展使得屋顶承重和防水问题得到了改善。国家游泳中心“水立方”是2008年北京奥运会的标志性建筑之一。它的屋顶是由3万多个钢质构件用1.2万个承重节点连接起来的网状钢架结构，这些节点能均匀地分担建筑的重量，也能抵抗8级左右的地震。钢架内外用2.4毫米厚的ETFE膜结构包裹而成。膜结构是一种化学物质，每块充气后的膜结构能承受一辆汽车的重量，也能抵御暴雨、冰雹、沙尘暴等的

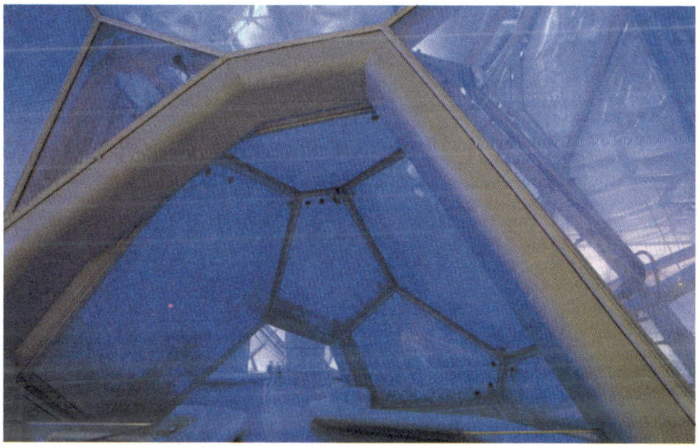

水立方屋顶钢架和 ETFE 膜结构

水立方平屋顶

侵袭。同时，不同的屋顶材料适宜的屋顶坡度也不相同，这使得屋顶设计具有了更大的灵活性和创造性。除了平屋顶，还有圆屋顶、坡屋顶、不规则屋顶，千变万化的屋顶造型诠释了不一样的美学盛宴。

苏州博物馆坡屋顶

现如今，人们致力于对屋顶空间进行合理的开发利用。三角形屋顶变成了空中阁楼，经过设计和装修，斜屋顶阁楼别有一番滋味；平屋顶变成了人们的娱乐场所，“网红”露天餐厅就是其中一种，其独特的视觉体验深受人们喜爱。

平顶太阳能板

借助屋顶这个载体，人们对能源进行了开发。2022年北京冬奥会的国家速滑馆“冰丝带”实现了绿色低碳，屋顶安装了320千瓦光伏电站，每年可输出超过44.8万度电力，相当于减排二氧化碳35.86万吨，为场馆提供着源源不断的绿色电力。屋顶成为再生能源转换装置的安装场所，赋予了屋顶以新的功能。

门窗

古建坊

探

文化之源

如果把眼睛比作心灵的窗户，那么门窗就好比建筑的眼睛，传递着建筑本身的气质与灵魂。古时候，人们把门窗称为户牖（yǒu）。门即户，窗即牖。中国古建筑的门窗有着漫长的发展历史，是中国传统建筑最具特色的一部分，体现了中国建筑的历史内涵、审美意蕴和空间美感。

洞穴为古人提供了最原始的家，而洞穴口的草盖可以说是最早的门。春秋战国时期，门窗主要以木头、绫、茅草为材质，样式简单，无论是采光性还是通风性都不太好。到了汉唐时期，窗棂纹样逐渐丰富起来，但窗是固定状态，还不能开启，因此很多功能和造型都深受限制。

宋朝门窗追求精致美丽，已成为美化建筑的展示主体。南宋画家刘松年的《四景山水图》就展示了

春秋时期茅草屋上的门窗

唐朝建筑上的门窗

当年落地长窗在不同季节的妙用：春时气候温暖，檐柱之间的落地长窗可以较灵活地开启闭合；夏季天气炎热，所有的落地长窗都被拆卸下来，室内外通透，空气流畅；秋日天气凉爽，檐柱之间的大部分位置被加上了落地长窗，仅保留供观景之用的部分；冬天气候寒冷，檐柱之间的落地长窗外围被增加了一层，以两层长窗防寒保暖。如此看来，宋朝的门窗不仅美观而且功能强大，做到了融审美与实用为一体。

建筑大师贝聿铭说过："在西方，窗户就是窗户，它要放进阳光和新鲜空气。但对中国人来说，窗户是镜框，那里总有园林。"在历史悠久且各具特色的诸多中国园林当中，最值得品味的要数苏州园林了。苏州园林里门和窗的图案设计和雕镂琢磨的功夫，都堪称工艺美术的上品，做工精细绝不庸俗，设计简朴又别具匠心。花瓶门寓意一门平安，桃形门寓意满门福寿，葫芦门寓意子孙连绵，灯笼窗寓意光明永照，书卷窗寓意诗书传家……

胡芦门

书卷窗

花瓶门

门窗不仅是建筑的组成部分，也是古代文人墨客寄托情思、抒发情感的载体。正如“夜来幽梦忽还乡，小轩窗，正梳妆”道尽东坡居士十年一梦的茫茫深情；“何当共剪西窗烛，却话巴山夜雨时”抒发了诗人李商隐对妻子深深的思念。就如宗白华先生在《美学散步》中总结的那样：“中国诗人多爱从窗户庭阶……吐纳世界景物……这种移远就近，由近知远的意识，已经成为我们宇宙观的特色了。”

践

古人之行

了解了门窗的历史与文化蕴意，你的脑海中有没有一个疑问：在古代，门窗是如何开合的呢？我们一起做一个与门窗开合结构相似的小手工——旋转相框，相信你能发现其中的奥妙！

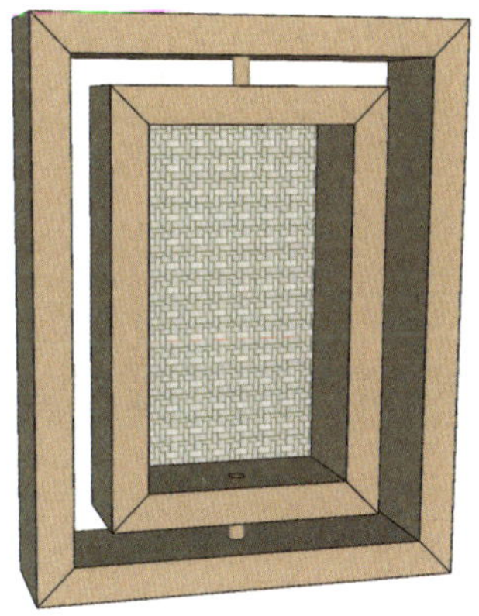

旋转相框模型

1

工具和材料

两个大小不一的废旧相框架（这里准备的大小分别是 16cm × 22.5cm 和 11cm × 16.5cm），一根小木棍，打洞工具和一把手工锯。

材料

工具

找到中心点

2 操作步骤

（1）用尺子画出相框短边对角线，找到中心点，注意两个相框上下面都需要！

钻孔

（2）使用打洞工具钻出相同的小孔。

（3）截取两根长度合适的小木棍（这里截取的是4cm，因为两框长度相差6cm，上下均为3cm，再加上框本身的厚度1cm，6cm除以2再加1cm就是4cm）。

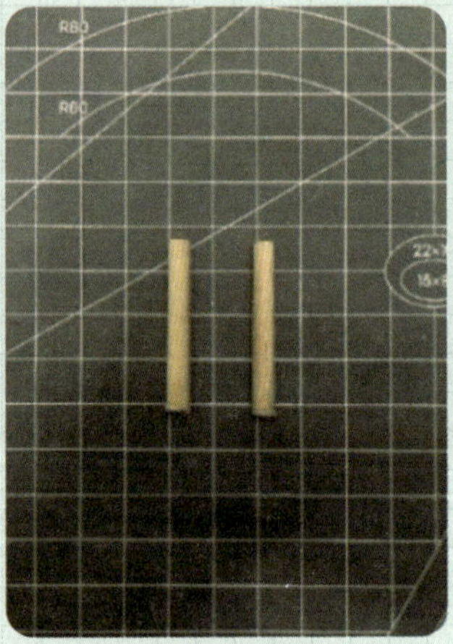

截取木棍

尺寸示意图

（4）将两个相框框架通过小木棍组装在一起，一个旋转相框就制作完成啦！

安装木棍

旋转相框成品

可以转动里框玩一玩，想一想这样的结构和门轴转动的相似之处。

1、门窗转动的秘密——转动轴

门和旋转相框一样可以来回转动，那么我们就可以把门框想成是旋转相框的外框，门扇就是里框了！连接门框和门扇的小木棍在古代被称为户枢（shū），这就是较原始的转动轴。当门扇转动时，它的各点都在做圆周运动。这些圆周的中心在同一条直线上，这条直线叫作“转动轴”。门、窗、电动机、砂轮机的转子等都有固定转轴，只能转动，而不能平动。

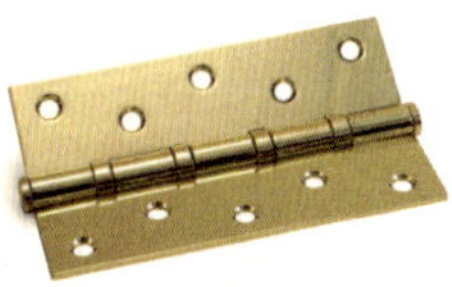

窗轴

电动机

砂轮机

2、门窗轻松开合的法宝——杠杆原理

门窗可以通过转动轴转动起来，可是有些大门非常厚重，古人是如何轻松开合的呢？他们运用了神奇的杠杆原理。什么是杠杆原理呢？你一定玩过跷跷板，中间的坐板

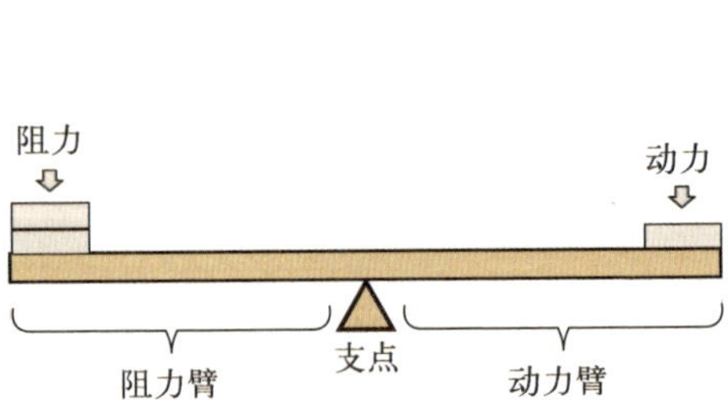

跷跷板受力示意图

其实就是一个杠杆。坐板支架作为支点，又叫平衡点。为了使跷跷板两端保持平衡，需在其两端施加相同的力。当然，还可以通过调整与支点的距离来使跷跷板保持平衡。简单来说，就是小朋友们玩跷跷板的时候，重的人离坐板中间的支架近一些，轻的人离坐板中间的支架远一些，这样慢慢调整就可以达到平衡了。这个原理有一个力学等式：动力×动力臂=阻力×阻力臂。

当动力臂大于阻力臂时，我们称这样的杠杆为省力杠杆，比如我们平时用的指甲剪、扳手、开瓶器等。相反，当动力臂小于阻力臂时，我们称这样的杠杆为费力杠杆，比如吃饭时用的筷子和钓鱼时用的鱼竿。当动力臂等于阻力臂时，就像天平一样，这就是等臂杠杆了。

阿基米德曾说过："给我一个支点，我能撬起地球。"这里就用到了省力杠杆的原理。门的开合也是省力杠杆，门轴是杠杆的支点，距离门轴越远就越省力，距离门轴越近就越费力。所以，古人只要在远离门轴的门扇边缘处用力，就可以轻松打开厚重的大门了。

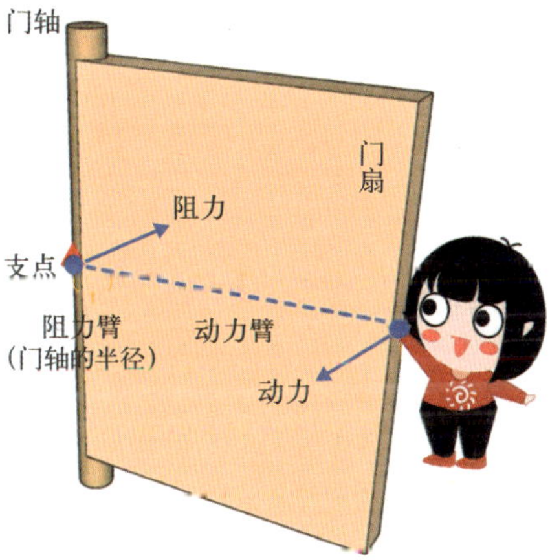

开门杠杆原理分析示意图

新材料、新工艺、新技术促进了门窗行业的飞跃发展。

现代门窗材料丰富，如铝合金结构、五金配件、玻璃、胶条等。它们不仅构建了不同性能的窗体结构，从最常用的内外开平推窗，到微透风的内倒窗，再到上悬窗等，还实现了门窗的保温隔热、隔音降噪功能。

铝合金结构门窗

物联网技术催生出各种功能强大的门窗，实现了门窗智能控制。智能门窗控制装置可以通过多种传感器实现对室内温度、光照、可燃气体、室外风速、雨滴、烟尘等环境参数的实时监测，感知环境变化，将收集到的数据传给中央控制系统，通过程序对参数进行比较和处理，输出操作信号，实现对门窗的开合调节，从而达到智能控制的目的。

酒店大堂的自动旋转门，将金属的牢固结实与玻璃的通透敞亮结合运用，并在门轴上安装了感应电机装置，当红外线感应到有物体接近时，门就会自动打开，美观又便捷。

传统门窗通过安装防护网或纱网来构建家庭的防护系统，现代门窗具有远程安防预警功能，能将物理防御与智能防御有机结合。当门窗被意外打开或破坏时，报警器就会发出尖锐的报警声，以警告驱赶入侵者，同时电话通知主人有非法入侵者，并用摄像头记录当时现场的情况。智能预警系统，为我们构建了安全放心的家居空间。

技术引领发展，门窗为人们开启了智慧新生活。

酒店大堂旋转门

亭子

探文化之源

在众多中国古建筑中，有一种建筑形式非常特殊：它的造型最富有变化、分布最为广泛、风格最为灵活，可大可小、随处可建；它体验着朋友的离别与相聚，见证过历朝历代的人们最美好的情谊；它只保留了古建筑中柱与屋顶的重要组成部分，有顶无墙，始终被视为我国古典建筑艺术中的瑰宝。你猜到这是哪种建筑形式了吗？没错，这种建筑形式就是亭子。

园林中的古亭及长廊

亭者，停也，即停止的意思，是供人们停步休息的一种建筑。历史上最早的亭子出现在原始社会后期，距今已有三四千年。《周礼》中记载三十里有“宿”，这里的宿就是停止、歇宿的意思；春秋战国时期战争不断，亭子这种建筑又被当作军事工程来修建；亭子还是邮政及旅馆的先源，古代的“亭传”

也叫驿站、驿亭，是来往官员歇宿的地方；后来，亭出现最多的地方便是以观赏、游乐为主的园林和名胜之中。我国古代造园专著《园冶》一书中说："亭者停也，亭者景也，亭者情也，亭者蔽也。"因此有人说，无亭不成园，无亭不成景。

"醉翁之意不在酒，在乎山水之间也。"这是北宋文学家欧阳修在《醉翁亭记》中称赞醉翁亭附近的美好景色。醉翁亭坐落在安徽省滁州市西南琅琊山麓，紧靠着峻峭的山壁，飞檐挑出，小巧而又独特，具有江南的亭台特色。欧阳修在此地任职期间，常邀请好友来此亭饮酒。它与湖南长沙的爱晚亭、北京的陶然亭、浙江杭州的湖心亭并称"中国四大名亭"。亭子在园林中的位置十分重要，多出现在视线的交接处，与园林中的山水、植物等相配合，成为园林艺术中的"点睛"之主景。

为何亭子尤其会受到文人墨客的青睐？其中的奥秘还要从它巧妙的设计比例说起，可以说亭身、柱高、屋顶之间都藏有设计玄机。以苏州拙政园绣绮亭为例，其长（面阔）与宽（进深）的比例为1.6∶1，这刚好符合黄金分割比。此外，亭子面阔与柱高之间也有比例要求。依据清工部《工程做法则例》中的记载，正四角亭的面阔（宽）与柱高之比为1∶0.8，书中所说的"单檐四柱，面阔一丈（3200mm），柱高八尺（2560mm）"正是四角亭宽与柱子高度的黄金比例。在《园冶》一书中，古人对亭子的屋顶长度和亭身长度也有详细记载。多数亭子的屋顶长度与亭身长度几乎一致，在这样近乎1∶1的设计之下，笔直浑圆的柱体与曲线飞扬的屋顶完美融合，一刚一柔尽显古建精致美感。亭子以优雅的形态展示着古建筑的魅力。

醉翁亭

苏州拙政园绣绮亭

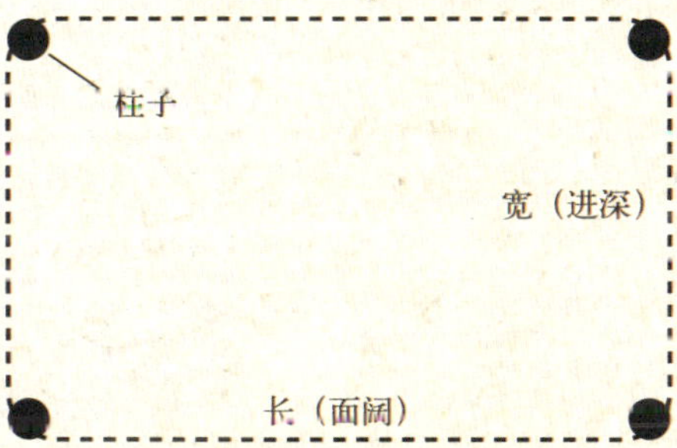

绣绮亭（俯视图）长：宽=1.6 ： 1

古亭的造型丰富多彩，风格灵活。让我们用小木工的形式制作一座黄金比例的正四角亭模型吧！

1 制作准备

材料：

亭底：长 15cm、宽 1.5cm 的雪糕棒 11 ～ 13 根；

亭柱：长 30cm、直径 0.6cm 的木棍 2 根；

亭顶：长 15cm、宽 1cm 的雪糕棒若干。

工具：手摇钻、手工锯、胶枪、铅笔、直尺。

材料

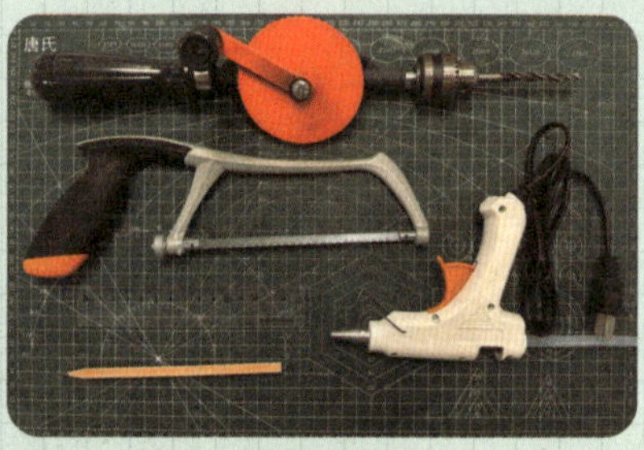

工具

2 实践制作

（1）标注亭顶和亭柱的尺寸

根据古亭的形式美法则，确定四角亭的亭顶长 15cm、宽 15cm，柱高 12cm。亭顶架的尺寸依次是 15cm、12cm、10cm、8cm、6cm。将这些尺寸标注在木条上。

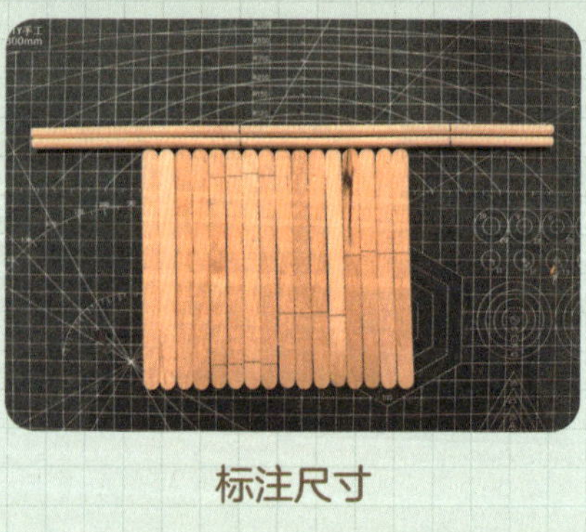

标注尺寸

（2）制作亭顶架

① 将雪糕棒以 4 根为一组，用锯子分别锯割 15cm、12cm、10cm、8cm、6cm 共 5 组备用。

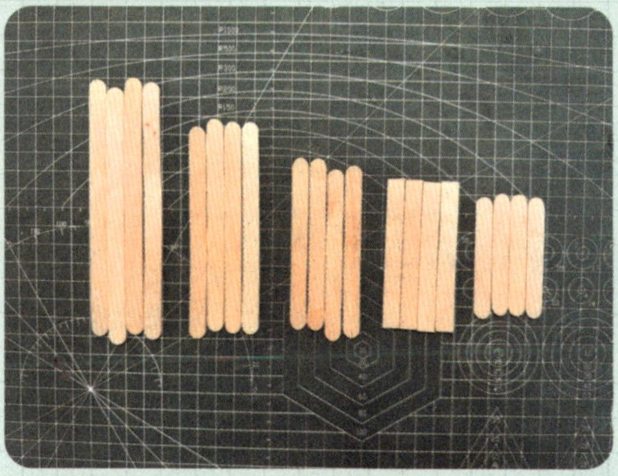

5 组雪糕棒

② 将每一组雪糕棒以左右在下、上下在上的规律组合成亭顶架。

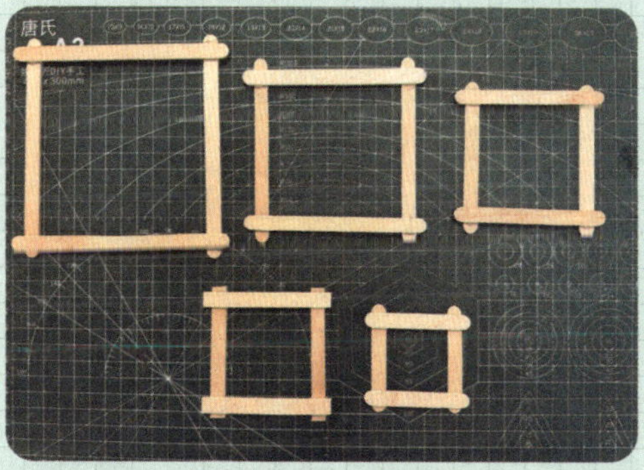

组合好的亭顶架

（3）制作亭底

先将 9 根雪糕棒竖着平铺，然后在上下横向两根雪糕棒下涂上胶水固定，形成亭底。

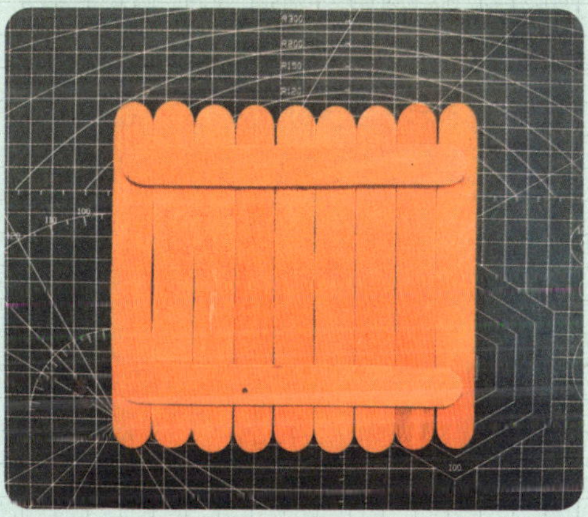

亭底

（4）固定亭柱

①将最大的一层亭顶架放在亭底上，用铅笔画出四边形。

画出亭柱分布图

②用手摇钻在亭底沿四边形四个角钻出四个固定柱子的孔洞，并用锯子锯割好 4 根柱子。

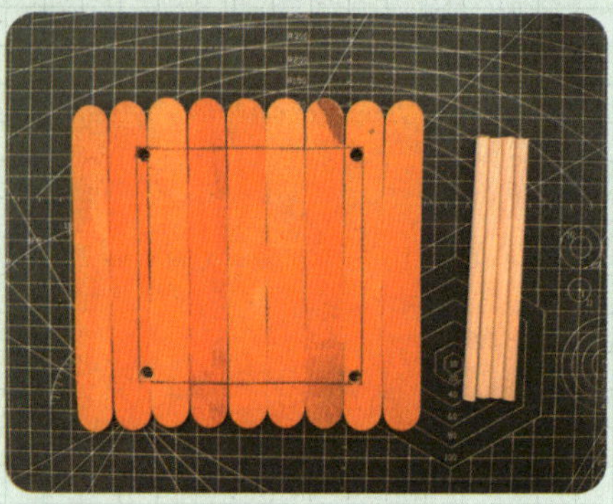

钻孔、锯割

③用少许胶水将 4 根柱子安装在孔洞里。

安装 4 根亭柱

（5）组合亭顶

①将刚才做好的亭顶架按照从大到小的顺序自下而上用胶水固定，注意雪糕棒前后左右排列的顺序。

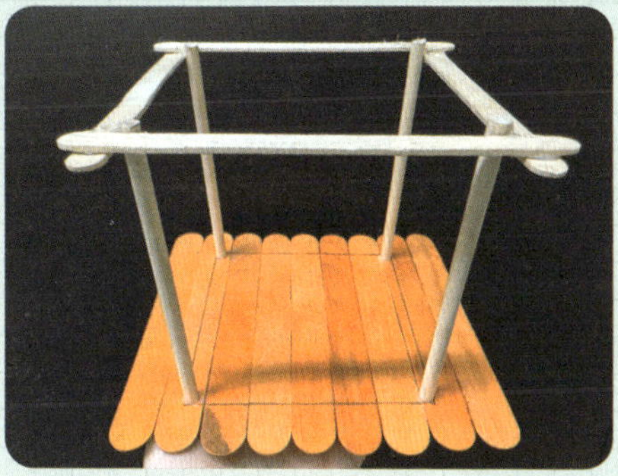

安装亭顶

②用剩余的雪糕棒增添顶尖，此时一座四角古亭模型就制作完成了。

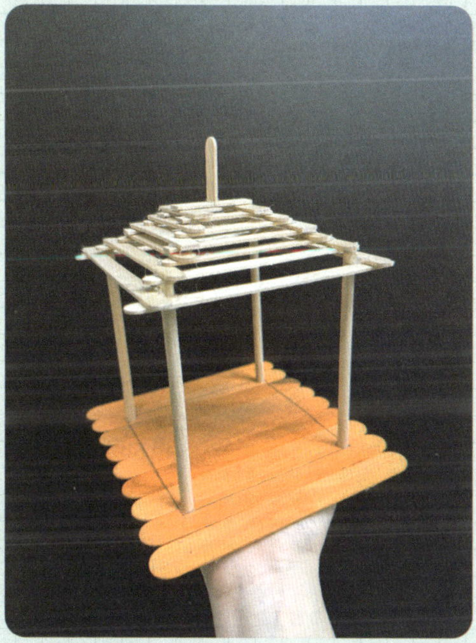

古亭模型成品

析

科技内涵

醉翁亭、沧浪亭、陶然亭……一座座亭子能够传承数百年，得益于其稳定的结构。小小的亭子背后，凝聚着千百年来无数能工巧匠的建造智慧。下面我们一起来分析亭子建筑设计中的“成功密码”吧!

1. 稳固的结构

亭子自上往下一般由屋顶、梁架、斗拱、檐枋、柱子、台基这几个部分组成。

稳固的屋顶需要以屋架结构来承重，一般“抬梁式”“穿斗式”等都运用三角形结构原理。在柱上放梁，梁上放短柱，短柱上再放短梁，层层叠落直到顶部，就形成了一个更有支撑力的梁架结构。

梁架结构承重后靠斗拱来承托。斗拱的基本构件为“斗”和“拱”两种木块，通过木块间错综复杂的层层

亭子结构

叠加，实现屋顶和立柱之间力量的传接。它发挥着承上启下的重要作用。

檐枋连接各立柱上端，并形成水平方向的拉力，防止柱子向外倾斜。从水平方向上看，它围合成一个四边形，形成“圈梁式围合结构”。

柱子下端连接柱础，不仅能承受柱子的压力，还能增大柱子和地面的受力面积，防止坍塌。柱子下面是稳固的台基，台基为整个亭子提供了良好的支撑，将力传至地面。这就是制作中我们需要在底板上打洞，将柱子深深插进去的原因。

2. 会抗震的斗拱

斗拱是连接房檐与承重柱和梁架的部分，它将来自屋顶的重量汇聚在一起，传递给斗拱下方的柱子，起着承上启下的作用。

斗拱在梁架和柱间形成纵横交错的铺作层，犹如在梁架与柱间增设了一层弹簧层，可以有效地抗御地震力。发生地震时，柱础受到地震波动，柱子开始摇晃，这些力会分散到每一朵斗拱上，使它们摇晃挤压，消耗地震的能量，进而使整个房屋的地震荷载大为降低，从而起到一定的抗震作用。注意，它虽会“松动”，却不至于“散架”。

亭子结构

观后续发展

亭台楼阁、轩榭廊舫是传统建筑中的常见元素，它们在位置、规模、形式上存在差异，但有些却和亭子有着“亲戚”关系。我们一起来认一认吧。

阁，指的是临高而建的亭子，供远眺、休息、藏书和贡佛使用；也特指女子的卧房，因此古代把女子出嫁称为“出阁”。

轩，有屋身，有窗的亭子。轩内部设有简单的桌椅等摆设。

榭，指的是临水的亭子，这样的亭子向水面挑出形成凌空纤巧之态，故有“水榭”之称。

廊，把亭子拉长就成了廊，供人遮风避雨。房檐下的廊称为檐廊，院墙边的廊称为回廊，园林里的廊因迂回曲折称为游廊。

阁

轩

榭

廊

由此可见，以亭为基础延伸出的榭、阁、轩、廊等建筑，在结构上有很多相似之处，真是名副其实的“亲戚”。

亭子在发展的过程中，功能性越来越丰富，应用也越来越广泛。岗亭，字面意思就是站岗的亭子，最早是为了站岗人员遮风避雨而建造的。以前大多为太阳伞的模样，是一个简陋的亭子。后来多了几根柱子，但还是四面镂空，依然是个亭子。由于遮风挡雨的性能并不是很好，因此加上了四壁，形成了小房子的模样，但“岗亭”的名字还是保留了下来。现在的岗亭为了适应不同的需要，在里面加装了各种设备和装置，如售票岗亭、停车收费岗亭等。同时应用范围也不断扩大，出现了许多有特殊功能的岗亭，如环卫岗亭、交通指挥亭、售货亭、公交候车亭等，给人们的生活带来了便利。

交通指挥亭